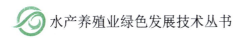

水产养殖业绿色发展技术丛书

U0613689

南美白对虾

绿色高效养殖

  技术与实例

农业农村部渔业渔政管理局 **组编**
文国樑 杨 铿 胡晓娟 **主编**

NANMEIBAIDUIXIA
LÜSE GAOXIAO YANGZHI
JISHU YU SHILI

中国农业出版社
北 京

图书在版编目（CIP）数据

南美白对虾绿色高效养殖技术与实例／文国樑，杨铿，胡晓娟主编 . —北京：中国农业出版社，2023.11
（水产养殖业绿色发展技术丛书）
ISBN 978-7-109-31414-6

Ⅰ.①南… Ⅱ.①文… ②杨… ③胡… Ⅲ.①对虾科—淡水养殖—无污染技术 Ⅳ.①S968.22

中国国家版本馆 CIP 数据核字（2023）第 215361 号

中国农业出版社出版
地址：北京市朝阳区麦子店街 18 号楼
邮编：100125
责任编辑：王金环 文字编辑：耿韶磊
版式设计：王 晨 责任校对：吴丽婷
印刷：中农印务有限公司
版次：2023 年 11 月第 1 版
印次：2023 年 11 月北京第 1 次印刷
发行：新华书店北京发行所
开本：880mm×1230mm 1/32
印张：8.25
字数：237 千字
定价：48.00 元

丛书编委会

本书编委会

主　编	文国樑　杨　铿　胡晓娟
副主编	蒋　魁　曹煜成　苏浩昌　唐贤明
参　编	徐武杰　徐　煜　洪敏娜　徐创文
	孙志伟　郑晓生　封永辉　肖国强
	于明超　张建设　周发林　刘曦瑶
	张利平
审稿人	王建波

丛书序 PREFACE

2019 年，经国务院批准，农业农村部等 10 部委联合印发了《关于加快推进水产养殖业绿色发展的若干意见》(以下简称《意见》)，围绕加强科学布局、转变养殖方式、改善养殖环境、强化生产监管、拓宽发展空间、加强政策支持及落实保障措施等方面作出全面部署，对水产养殖业转型升级具有重大意义。

随着人们生活水平的提高，目前我国渔业的主要矛盾已经转化为人民对优质水产品和优美水域生态环境的需求，与水产品供给结构性矛盾突出与渔业对资源环境的过度利用之间的矛盾。在这种形势背景下，树立"大粮食观"，贯彻落实《意见》，坚持质量优先、市场导向、创新驱动、以法治渔四大原则，走绿色发展道路，是我国迈进水产养殖强国之列的必然选择。

"绿水青山就是金山银山"，向绿色发展前进，要靠技术转型与升级。为贯彻落实《意见》，推行生态健康绿色养殖，尤其针对养殖规模大、覆盖面广、产量产值高、综合效益好、市场前景广阔的水产养殖品种，率先开展绿色养殖技术推广，使水产养殖绿色发展理念深入人心，农业农村部渔业渔政管理局与中国农业出版社共同组织策划，组建了由院士领衔的高水平编委会，依托国家现代农业产业技术体系、全国水产技术推广总站、中国水产学会等组织和单位，遴选重要的水产养殖品种，邀请产业上下游的高校、科研院所、推广机构以及企业的相关专家和技术人员编写了这套"水产养殖业绿色发展技术丛书",宣传推广绿色养殖技术与模式,以促进渔业转型升级,保障重要水产品有效供给和促进渔民持续增收。

这套丛书基本涵盖了当前国家水产养殖主导品种和主推技术,围绕《意见》精神,着重介绍养殖品种相关的节能减排、集约高效、立体生态、种养结合、盐碱水域资源开发利用、深远海养殖等绿色养殖技术。丛书具有四大特色:

突出实用技术,倡导绿色理念。丛书的撰写以"技术+模式+案例"为主线,技术嵌入模式,模式改良技术,颠覆传统粗放、简陋的养殖方式,介绍实用易学、可操作性强、低碳环保的养殖技术,倡导水产养殖绿色发展理念。

图文并茂,融合多媒体出版。在内容表现形式和手法上全面创新,在语言通俗易懂、深入浅出的基础上,通过"插视"和"插图"立体、直观地展示关键技术和环节,将丰富的图片、文档、视频、音频等融合到书中,读者可通过手机扫二维码观看视频,轻松学技术、长知识。

品种齐全,适用面广。丛书遴选的养殖品种养殖规模大、覆盖范围广,涵盖国家主推的海、淡水主要养殖品种,涉及稻渔综合种养、盐碱地渔农综合利用、池塘工程化养殖、工厂化循环水养殖、鱼菜共生、尾水处理、深远海网箱养殖、集装箱养鱼等多种国家主推的绿色模式和技术,适用面广。

以案说法,产销兼顾。丛书不但介绍了绿色养殖实用技术,还通过案例总结全国各地先进的管理和营销经验,为养殖者通过绿色养殖和科学经营实现致富增收提供参考借鉴。

本套丛书在编写上注重理念与技术结合、模式与案例并举，力求从理念到行动、从基础到应用、从技术原理到实施案例、从方法手段到实施效果，以深入浅出、通俗易懂、图文并茂的方式系统展开介绍，使"绿色发展"理念深入人心、成为共识。丛书不仅可以作为一线渔民养殖指导手册，还可作为渔技员、水产技术员等培训用书。

希望这套丛书的出版能够为我国水产养殖业的绿色发展作出积极贡献！

农业农村部渔业渔政管理局局长：刘新中

2021 年 11 月

前　言　FOREWORD

2019年初，由农业农村部等10部委联合发布的《关于加快推进水产养殖业绿色发展的若干意见》（以下简称《意见》），对水产养殖业转型升级具有重大意义。为贯彻落实《意见》精神，加深对《意见》重点内容的理解，凝聚水产养殖业绿色高质量发展共识，更好地推动水产养殖业绿色发展，农业农村部渔业渔政管理局联合中国农业出版社组织策划"水产养殖业绿色发展技术丛书"，遴选重点水产养殖品种介绍推广绿色技术和模式，要求以通俗的科普语言，充分展示水产养殖绿色发展成果，引领示范水产养殖绿色发展。借此契机，编者组织南美白对虾产业研究、应用和管理的科研院所、高校、水产技术推广机构、地方行政管理部门以及生产企业的相关专家编写了本书，以期推动南美白对虾产业转型升级，实现绿色高质量发展。

南美白对虾正式中文名是凡纳滨对虾，是广温广盐性热带虾类，是我国名特优水产品中养殖面积大、养殖省份多、养殖分布广、从业人员多的品种之一，其主产区集中在沿海11个省份，产量占比高达99%、苗种数量占比近100%。本书开篇介绍了南美白对虾分类地位与地理分布、经济价值与营养价值、养殖技术研究进程、养殖产业现状以及前景展望等，让读者能认识南美白对虾，了解其养殖产业发展情况。第二章以通俗的科普语言简要介绍了南美白对虾形态特征、生态特征以及种质资源与新品种研发等，让读者进一步认识南美白对虾基本特点，了解其新品种开发情况。第三章和第四章围绕南美白对虾绿色高效养殖技术及案例展开介绍，包括人工繁殖技术、苗种培育技术、人工养殖技术、营养需求与饲料、主要病害及防控等，以"技术＋模式＋案例"的主线，技术嵌入模式，模式改良技术，详细介绍南美白对虾绿色高效养殖技术和标准化生态健康养殖技术。

本书的编写得到了中国水产科学研究院南海水产研究所、中国水产科学研究院黄海水产研究所、浙江海洋大学、厦门大学、华东理工大学、福建省闽东水产研究所、宁德市生产力促进中心、宁德市水产技术推广站、台州市椒江区农业农村和水利局、台州市恒胜水产养殖专业合作社的积极参与和大力支持。此外，中国农业出版社副编审王金环对本书的策划和出版给予了大力支持，在此一并表示感谢。

由于编写时间仓促，加之编者水平有限，难免有不足之处，恳请业内同仁批评指正。

编　者

2023 年 6 月

目 录 CONTENTS

1

第四章　南美白对虾绿色高效养殖 实例 / 178

第一章
南美白对虾概述

第一节　营养美味的南美白对虾

一、南美白对虾"姓甚名谁"

南美白对虾，正式名称为凡纳滨对虾（*Litopenaeus vannamei* Boone，1931）（图1-1），是一种广温广盐性热带虾，俗称白肢虾（white leg shrimp）、白对虾（white shrimp），国内曾经也翻译为万氏对虾、凡纳对虾。分类上属于节肢动物门（Arthropoda）、甲壳纲（Crustacea）、十足目（Decapoda）、游泳亚目（Natantia）、对虾科（Penaeidae）、滨对虾属（*Litopenaeus*）。

图1-1　南美白对虾

二、餐桌上的美味

1. 南美白对虾的营养

南美白对虾肉质鲜美、肥嫩，食之既无鱼腥味，又无骨刺，营养价值极高，且具有很多食疗功效，深受广大消费者青睐。

南美白对虾，含有丰富的蛋白质及镁、钙、磷、钾、碘等微量元素。由于氨基酸含量高，味道非常鲜美。与鱼肉、畜肉相比，南美白对虾脂肪含量极低。

2. 吃出来的网红大虾

在 2018 年的天猫"双十一"活动中，1 小时卖出厄瓜多尔南美白对虾 1 360 万尾，同比增长 591%；12 小时卖出了 2 156 万尾，同比增长 616%，秒杀其他虾类。而近两年，产自中国滨海盐田的"盐田虾"以其卓越的品质和鲜甜的口感赢得越来越多消费者的喜爱，"盐田虾"作为国货精品已经成为新晋网红。

近几年，随着国内消费能力的提升，对虾的购买数量和频率都在不断增长，包括北极虾、阿根廷红虾、南美白对虾在内的虾类成为所有进口行业中增速最快的品类。由于厄瓜多尔、印度产能扩大，成本降低，南美白对虾价格不断下调，性价比较高，受到中国消费者的热烈欢迎。中国本土对虾加工生产企业不断提升技术，研发和推出新产品，一大批优质的国产对虾品牌快速发展壮大，越来越成为消费者的心头爱。

调查显示，与其他甲壳类水产品相比，消费者表现出明显的对虾消费偏好，75% 的消费者选择对虾，其中购买最多的对虾品种是南美白对虾。

南美白对虾受欢迎的最重要的原因在于价美物也美。活虾足够新鲜，白灼可以最大限度地保留虾原有的味道；而冷冻的规格较大的虾，更适合油焖、油爆等做法。

虾在中国人的餐桌上占有重要地位，不管是油焖大虾、烤大虾、盐焗虾、清蒸虾、干锅对虾、红烧对虾、生腌虾，还是炸虾仁、烹虾段、蒸虾饺，虾总会以各种面貌满足消费者的胃口。而物美价廉的南美白对虾，无疑是虾界首选。

此外，南美白对虾经过加工后的即食产品，如南美白对虾水煮后烘干或晒干制成的虾干，蒸煮后制成的香辣虾，低温真空脱水的脆脆虾、虾仁饼等，均深受广大消费者喜爱。

第二节　南美白对虾养殖规模和产业发展

一、南美白对虾养殖产业规模

《中国渔业统计年鉴》数据显示，自 2014 年以后，中国南美白对虾养殖面积维持在 16 万～18 万公顷，到 2021 年，中国南美白对虾养殖面积达到 17.8 万公顷，同比上升 5.66%（图 1 - 2）。

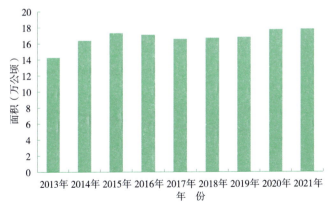

图 1 - 2　2013—2021 年中国南美白对虾养殖面积变化情况

南美白对虾养殖有海水养殖和淡水养殖之分。一般认为，海水养殖的南美白对虾肉质和口感要好于淡水养殖的对虾。随着人们消费能力的不断提高，人们对海水养殖的南美白对虾需求不断增长。目前，我国南美白对虾养殖以海水养殖为主。根据《中国渔业统计年鉴》数据，2021 年，南美白对虾养殖产量约 197.74 万吨，海水养殖产量 127.36 万吨，占比 64.41%；淡水养殖产量 70.38 万吨，占比 35.59%（图 1-3）。

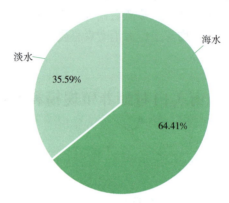

图 1-3 2021 年南美白对虾海淡水养殖产量占比

随着南美白对虾养殖面积不断扩大，其产量也在不断增加。数据显示，2021 年我国南美白对虾海水养殖产量从 2013 年的 81.25 万吨增长到了 127.36 万吨，2013—2020 年南美白对虾淡水养殖产量均在 60 万～70 万吨，未见明显波动（图 1-4）。

图 1-4 2013—2021 年我国南美白对虾养殖产量

　　2021年，海水养殖南美白对虾中广东产量52.50万吨，位居全国第一，占全国海水养殖总产量的41.22%，其次是广西29.69万吨和山东14.99万吨。2021年，淡水养殖南美白对虾中广东产量22.22万吨，占全国淡水养殖总产量的31.57%，位居全国第一，其次是江苏13.66万吨和福建9.01万吨。广东省总产量位居全国第一，达到74.72万吨，占全国总产量的37.79%。其次是广西29.70万吨和山东21.67万吨。虽然南美白对虾养殖尤其是淡水养殖遍布全国，但因各地自然条件不同，产量分布比较集中：南部沿海地区广东、广西、海南3省份合计约占全国总产量的56.79%，东南部沿海地区江苏、浙江、福建、山东4省份合计约占35.07%，其他省份占8%左右（图1-5）。

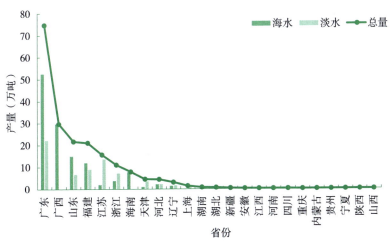

图1-5　2021年各省份南美白对虾养殖产量

二、南美白对虾养殖分布及模式

　　我国南美白对虾生产的区域分布，表现出"广泛性＋集中性"的典型特征。从广泛性来看，淡水养殖分布在除西藏、青海、吉林、北京等少数地区之外的 27 个省份；沿海省份皆有分布。从集中性来看，南美白对虾淡水养殖主产区集中在广东、江苏、福建、浙江、山东、天津 6 省份，产量占全国比重接近 90％；海水养殖主产区为广东、广西、福建、海南、山东 5 省份，产量占全国的 90％以上。

　　沿海的广东、江苏、福建和山东均有淡水养殖南美白对虾，内陆湖南、湖北、安徽、新疆、河南、江西和四川也有较高养殖产量。其中，山东南美白对虾养殖面积最大，占全国比重为 39.96％；然后为广东、广西，占比分别为 23.19％、12.33％（图 1-6）。

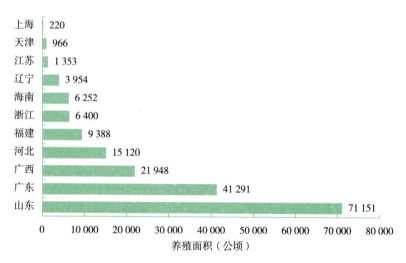

图 1-6　2021 年中国各省份南美白对虾养殖面积

　　广东、广西、海南、福建、浙江等地多为高位池和土塘养殖模式，高位池养殖模式放养密度高、管理精细、产量高，对海水水质要求较高，养殖过程换水量大；海水、淡水土塘精养南美白对虾放苗密度较小，一般放苗量为 3 万～6 万尾/亩*，露天养殖周期为

---

　　* 亩为非法定计量单位，1 亩≈667 米²。——编者注

60~100 天。

江苏地区多为小棚土塘养殖，每张棚面积为 300~500 米²，放苗 4 万~6 万尾，每年至少能养两茬，养殖周期春造 90~100 天，秋造 120~140 天。此模式为淡水养殖，使用的水源为有一定盐度的地下水，中后期换水量大。因小棚阻隔了外界和内部的环境因素交换，此模式受天气影响小，可控性更强，可减少海水养殖细菌病的感染危害。

山东主要为室内工厂化养殖和大湾子养殖。工厂化养殖模式条件可控性强、受自然灾害影响较小、周期短、产量高、利润高。该养殖模式在北方，特别是山东迅速发展。工厂化养殖模式是通过投入机械、化学及自动化等现代化设施进行高密度集约化养殖的模式，初期投入很少，但产量较高，每茬每亩产量达 2 500~6 500 千克。工厂化养殖因受自然条件限制少，灵活性高，养殖户可根据自身计划安排投苗时间，每年可养 2~3 茬。

淡水养殖南美白对虾以土塘为主，池塘面积为 3~200 亩，有土塘精养、鱼虾混养及虾蟹混养等模式。土塘精养只放养对虾一代苗，管理精细，具有投资较小、易操作、门槛低等优点，内陆多数地区一年只养殖 1~2 茬，而广东、广西可养殖 3~4 茬。鱼虾混养及虾蟹混养，多为几十上百亩的大水面，是一种接近生态养殖的模式，放苗密度低，投料量少，池塘内藻类及浮游动物较多，为对虾和鱼提供了丰富的生物饵料。此模式用药少，养殖的对虾品质高。

近几年，部分地区利用光伏下面的水体养殖南美白对虾，简称"光伏养虾"，具有"一地两用，渔光互补"的特点，较好地解决了新能源与生态养殖融合发展，实现了社会效益、经济效益和环境效益的共赢。

三、南美白对虾种业发展概况

由于南美白对虾为外来种，我国目前主要是进口国外亲虾，从美国夏威夷及泰国等地引进。随着养殖规模的扩大，对南美白对虾种虾需求不断增加，推高了进口价格。截至目前，虽然综合表现并不稳定，但能在中国市场得到最大认可的，仍然是进口的亲虾品系。国外品系均在国外进行选育，再将已上基因锁的成品亲虾出口到我国，严重限制了我国南美白对虾优良种质的发展。

但近几年来，已经有部分国内高校或科研院所与水产龙头企业联合共同造"芯"，选育及改进国产亲虾。诸如中山大学与广东恒兴饲料实业股份有限公司合作选育的"中兴 1 号"、中国科学院南海海洋研究所联合湛江海茂水产生物科技有限公司等研发的"中科 1 号"、广东海大集团股份有限公司与其他单位联合选育的"海兴农 2 号"等。这些新品种在推出市场后，都收到积极良好的反馈，得到了养殖户的认可。

随着对虾养殖规模的扩大，苗种培育也成为对虾产业链上举足轻重的环节。我国引进南美白对虾已有 30 年，目前国内苗种生产集中在福建漳州、广东湛江、海南文昌三大虾苗产区。2018 年，我国南美白对虾虾苗总产量为 10 224 亿尾，首次突破 1 万亿尾，相较 2017 年增长了 7.0%。

近十年，我国南美白对虾育苗量呈现较大波动。在经历 2013 年、2014 年高达 11.7%、13.8%的大幅下滑后，国内南美白对虾育苗量从近 7 000 亿尾降至 5 290 亿尾。但随后在 2015 年出现反弹性暴增，增速高达 50%，逼近 8 000 亿尾大关。从 2016 年开始，我国南美白虾苗产量连续跨越 8 000 亿尾、9 000 亿尾和 1 万亿尾台阶。

虽然我国对虾育苗数量居世界第一，但是却存在着苗种质量不稳定、缺乏监管、市场混乱等问题，需要引起高度重视。随着养殖面积的扩大和技术的进步，养殖产量逐年上升，我国对苗种的需求也不断上升，更应该选育良种，从源头把控苗种质量，促进对虾产业健康发展。根据《中国渔业统计年鉴》，2020 年中国南美白对虾苗种数量达 15 615 亿尾，同比上升 3.62%（图 1-7）。

中国南美白对虾苗种主要分布于广东、山东、福建和海南 4 个省。2021 年，广东、山东、海南 3 个省南美白对虾苗种数量分别为 4 755 亿尾、4 209 亿尾、2 006 亿尾，占苗种总量的比重分别为

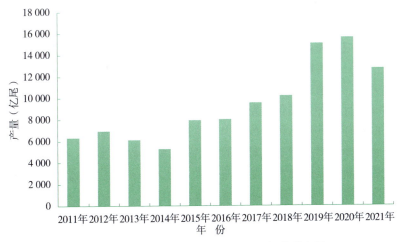

图 1 - 7　2011—2021 年中国南美白对虾苗种产量

37.73％、32.30％、15.72％。

四、南美白对虾养殖存在的问题及对策

1. 南美白对虾养殖存在的问题

（1）亲虾差异性显著，虾苗质量不稳定　目前，国内亲虾整体差异性比较突出。南美白对虾的亲虾多来自夏威夷、泰国及我国台湾等地，不同地域的南美白对虾在价格、品质等方面差异显著。在生产虾苗过程中，因亲虾不同、生产技术的差异，造成不同的苗企生产的苗种差异极大，养殖户很难购买到质量稳定的虾苗，造成每茬养殖成功率都难以保证。虾苗的选择成为养殖户养殖南美白对虾最头疼的问题。

（2）养殖技术差异大、规划不合理　南美白对虾养殖成本较低，能够创造可观的收益，从事养殖活动的人员多数为个体，未接受科学系统的养殖技术培训，养殖成功率差异大，多数人盲目投资，导致亏损严重。很多地区过度发展南美白对虾养殖，开垦林地及海边防护林地等养殖南美白对虾，在迅速发展过程中，未能根据

市场持久性发展需求及国家在节约水资源、构建和谐生态环境方面的要求，做好科学的战略统筹工作，对养殖废水未进行处理直接排入河流或大海，对环境及海水生态造成了一定的污染和破坏。

（3）病害频发，病种多样化　在南美白对虾养殖中，病虫害问题突出，随着养殖规模扩大及养殖环境的逐渐复杂化，对虾出现发病频繁且病种多样化的发展趋势。在海水环境中大规模单一养殖南美白对虾，其他品种虾数量少，导致海水生态环境单一，严重影响海水水体环境。南美白对虾的病原菌及病毒数量增多，且随着时间发展逐渐变异或突变，防控难度大，导致养殖发病率高、发展快、程度重等问题，严重影响养殖收益。

（4）加工生产落后　目前，南美白对虾的生产与加工方式整体较为简单、落后，对虾产品销售品种单一，未能效益最大化和规模化，制约着养殖对虾的发展和价格。随着养殖面积的不断扩大和技术的进步，未来的产量将会逐年上台阶，市场活虾销售出现饱和，而南美白对虾相关的加工产品无法满足人们的实际需求，进而严重影响市场营销的水平，阻碍南美白对虾养殖产业发展。

2. 南美白对虾养殖对策

（1）加强亲虾基地建设，选育优良品种　为了有效规避境外引进的南美白对虾携带病菌，给我国的养殖环境造成破坏而影响虾群整体健康，我国应深入研究该类品种虾的培育技术，并在国内建设亲虾基地，选择符合南美白对虾生长的水域环境，并在此基础上构建培育基地。这样不仅能够有效控制亲虾的来源，保证虾体健康，同时也能够有效降低海外引进所产生的成本。在建设亲虾基地过程中，需要加强资金和技术上的投入，针对南美白对虾生长环境以及所需要的营养要素进行分析，并通过人工处理打造优质的养殖环境。

（2）科学规划区域，提升养殖技术　在南美白对虾养殖过程中，不仅要从养殖环境出发进行生态建设，还需要针对当下的市场环境进行全面调研，并以此为支撑合理优化具体的营销策略和方案。①针对个大肉厚的虾，可以适当延长养殖周期，并适当提高价

格，从而满足高端人群的消费和购买需求。通过虾体大小分层设置和价格的分等级设置，满足不同消费群体在购虾上的需求，从而丰富客户人群储备，有效拓展销售范围和空间。②在本地销售的基础上开发电商服务平台，构建冷冻销售产业链，从而有效完成异地销售，保证销售市场的覆盖面更加全面、具体。

（3）强化病害防治力度　加强病害防控，保证虾群健康生长，有效避免对养殖环境的破坏和其他不良影响。在养殖南美白对虾的过程中，一要形成良好的预防意识，全面分析养殖过程中可能出现的风险隐患，并针对具体的养殖环境和流程进行有效规范，从根本上减轻病害；二要有效规范选苗、育苗等，并做好消毒和日常清洁工作；三要明确具体的病害类型，并对症选择合理的药物及时进行干预处理，避免病害范围扩大而造成过大经济损失。

（4）加强南美白对虾加工产业投入与建设　加工赋予了南美白对虾更高的附加值，也延长了南美白对虾的商品销售期。加大力度对南美白对虾加工企业开展技术改造升级、设备更新换代，以实现智能化、数字化、精品化的加工模式，以发展南美白对虾加工和精深加工及综合利用为重点，实施南美白对虾加工项目，开发虾仁、蝴蝶虾、凤尾虾、面包虾、寿司虾、熟虾等一系列加工产品，进一步延伸加工链条。

五、南美白对虾产业发展面临的问题及建议

1. 产业发展中存在的问题

经过多年发展，我国南美白对虾产业逐渐走向理性，消费规模不断扩大，市场前景向好。但不容忽视的是，当前我国南美白对虾产业发展也存在着不少障碍和问题，需要多方共同努力，促进产业良好、有序、健康发展。

（1）"小、散"特征短期难以改观，生产主体素质有待提升　目前，我国南美白对虾养殖呈现大量散户和少数大型企业并存的二元化模式，而且从事南美白对虾生产的农户大都文化水平不高。这

种典型的生产主体分散状态,不利于我国南美白对虾产业长远发展和健康壮大。一是个体养殖户难以形成规模效应。南美白对虾养殖进入和退出门槛不算太高,不少养殖户"赚钱就进来,赔钱就走人",不愿意投入更多资金进行基础设施建设,生产主体不稳定,更难以形成规模化、工厂化。二是个体养殖户观念落后。目前,依靠经验养殖的养殖户仍占多数,大都属于粗放式生产,推行新的养殖模式还很困难。由于分散的养殖户规模小、无实力,绝大部分养殖户沿用老一套养殖技术,难以实现科技创新。

(2)工厂化养殖大范围推广较慢,养殖模式转换有待加快 从最初的户外土塘、高位池到室内封闭或半封闭管理的小棚、大棚,再到近年出现的工厂化养殖,我国的对虾养殖模式在不断发展。"小水体+水泥池+温棚"的工厂化养殖,温度、水质等总体环境可控,在严格精准的养殖技术管理操作下,全年都可出虾,产量高,效益好,被认为是南美白对虾养殖的发展方向。但是在实践中,工厂化养殖模式的推广进度并不快。新模式的出现与推广对养殖户来讲是新的尝试和挑战,所需资金较多、对技术要求较高、风险与利润并存,因此大范围推广仍需时日。

(3)上下游环节仍然不够完善,产业价值链条有待拓展 上游苗种产业存在"散、乱、弱"现象,苗场实力不强,缺乏核心技术。在销售环节,绝大多数养殖户和企业都是坐等商机,销售渠道单一,高度依赖批发商链条,被动接触市场,产销对接不足。同时,龙头企业带动作用不够,行业组织化程度低,少数大型企业也缺乏对周边养殖户的带动作用。在技术推广方面,目前大都是依靠各地水产技术推广站、药品和饲料经销商以培训会的方式进行,效果不佳。

(4)组织化程度较低,质量品牌观念有待树立 目前,我国南美白对虾养殖非常分散,大规模养殖企业较少,政府机构、科研院所、龙头企业和技术协会等组织与大量的养殖散户缺乏整合协作,行业组织化程度低。在大多数地区,南美白对虾养殖并没有普遍形成效果良好的合作社。在当前需求旺盛的市场环境下,多数养殖户只重视提高产量，而忽视产品营销，缺乏品牌意识、质量意识。

2. 促进产业健康发展的建议

（1）推进科技进步，提高南美白对虾产业技术含量 要加快提高技术增长率、提高科技对南美白对虾的贡献率、发挥科技对南美白对虾产业发展的积极作用。一是加快新品种繁育体系建设，提供更优产品。良种的多样化和优质化是带动产业结构优质化升级的关键。要加大新品种引进繁育的力度，支持企业引进和繁育良种，引导养殖户使用良种。二是加强虾苗培育，提高苗种质量。虾苗问题已经成为影响我国南美白对虾产业发展的制约因素。针对南美白对虾品种退化导致南美白对虾市场价格降低的情况，必须加大新品种培育力度，培育后备种苗。同时，加强苗种市场监管力度。建议加快建立标准统一的检测系统，加强优质虾苗联合育种，成立各类育种中心，实现资源共享。三是加快新技术研究和新成果转化。组织建立南美白对虾科技项目库，集中优势力量，重点加强水域合理养殖容量评估、南美白对虾产品药物残留快速检测等关键技术的研究，不断提高研究成果的应用能力。

（2）培育龙头企业，切实发挥带动效应 龙头企业在资金、技术、人才等方面具有优势，能够带动南美白对虾产业生产规范化、质量管理科学化，改变传统粗放的经营方式，提高整个产业链的质量和效益。政府应为南美白对虾龙头企业的发展创造良好的外部环境，减少对龙头企业的直接干预，强调政府政策的支持、引导和服务作用，支持培育涵盖南美白对虾育苗、养殖到加工贸易各个产业环节的大型龙头企业，鼓励龙头企业积极开展定向服务、定向收购，为虾农提供购销、技术、信息等多种服务，推动龙头企业和科研、推广体系合作，为合作社和广大虾农提供苗种、技术指导、质量管理、病害防治等多方面的服务，促进生产标准化、经营产业化和服务社会化。

（3）健全产品质量安全体系，推动产品安全管理 随着人民生活水平的提高和消费观念的改变，健康、绿色、无污染的安全食品成为未来的发展方向。因此，政府需要建立统一的南美白对虾产品标准体系，从根本上监督和保证产品的质量。一是要积极推行良好操作规范（GMP）、良好养殖规范（GAP）、HACCP 体系认证，形成水产品产前、产中、产后的质量认证网络，提高南美白对虾产品在国际市场上的竞争力。二是要建立监测制度，将南美白对虾产品加工、生产、流通等环节全部纳入质量监控之下，并加大检验检疫执法力度，坚决杜绝质量不合格的南美白对虾产品流入市场。

（4）推动工厂化智能化，解决生产分散问题　随着未来国家在环境保护上的持续加强，设施化水产养殖将成为发展趋势，工厂化智能化将是未来南美白对虾养殖模式的主要发展趋势。未来南美白对虾工厂化养殖，一方面要对排出的残饵粪便进行收集、加工、利用，实现养殖废物的资源化利用；另一方面还要对养殖废水进行生态净化，进行微生物等综合处理。对于个体养殖户的传统养殖方式，也要力争做到集约化、生态化、智能化，有效解决养殖中所面临的食品安全和环保问题。

第三节　从养殖场到餐桌的"科技护航"

一、优质苗种繁育——从源头上改良南美白对虾品种

在自然海域中，南美白对虾繁殖周期较长，一般在 12 月龄以上、头胸甲长度达到 40 毫米左右时，才可能有怀卵的个体出现。人工育苗的亲虾体长 14 厘米以上，就达到生产要求，即可做催熟处理。受精卵的直径大约 0.28 毫米，在水温 28～31℃、盐度 29 的条件下，从受精开始到孵化结束只需 12 小时。刚孵出的幼体称第 1 期无节幼体，经 6 次蜕皮后成为第 1 期溞状幼体。溞状幼体蜕皮 3 次后进入糠虾期，再经 3 次蜕皮就变态成仔虾。1988 年人工育苗技术引进我国后，人工育苗成为苗种主要来源。随着养虾业不断发展，对优质南美白对虾苗的需求显得越来越紧迫。

在亲虾的选择上，国内一般分为 3 种渠道。第一，从国外引进良种亲虾，成本最高，但是生长性能较优。第二，通过遗传选育等手段自主培育良种亲虾，为未来发展趋势，是行业发展的重点方向。第三，直接筛选养殖大规格成虾作为亲虾，价格最低，品质不稳定。

1. 当前南美白对虾育苗产业存在的问题

（1）优质亲虾来源单一　由于我国不是南美白对虾的原产地，优质亲虾基本依赖进口，亲虾资源由国外供应商掌控，一旦停止或限制供应，或随意调价，将给我国南美白对虾养殖产业带来巨大影响。如在 2013 年，对于亲虾价格过高的问题，广东湛江市对虾苗种协会与外国公司进行了艰苦的谈判，但最终无果。

（2）苗种生产规范化有待加强　许多虾苗从业者并不是专业出身，甚至之前也没有水产方面的工作经验，而是为了经济利益一哄而上，对于苗种生产也是一知半解。

（3）品牌意识不强　现在市场上虽有一些企业已经建立了自己的品牌，但大部分虾苗场品牌意识弱，为追求经济利益，对质量把控不严，同行间低价出售，争夺市场，并且缺乏售后服务，只管虾苗销量，忽略后续市场跟踪，难以得到养殖户的长期信任。

（4）代工生产，质量参差　部分苗企，由于场地限制，将虾苗幼体委托多个小苗场进行标粗后，再回收大规格虾苗销售，这种方式称为"代工生产"。由于小苗场生产技术及设备等较落后，管理不规范，为了追求苗种高成活率，也会违规使用部分化学药品，导致虾苗质量参差不齐。

2. 南美白对虾苗种产业发展建议

（1）加强自主选育，打造"中国芯"　基础理论研究是科学技术进步的前提，是行业发展的重要基础，只有充分了解物种的遗传信息，才能真正提高技术水平。注重与实际结合、与实践结合、与中国国情结合，把理论研究的结果推广到行业。还要善于利用最新的科学成果发展苗种产业，如遗传操作、不育系培育等方法。

（2）加强苗种生产规范管理（生物安保）　想要提高行业整体

水平，就要从从业者这个行业基础建设者抓起。每个从业者都需要掌握相应的对虾苗种培育技术，这不仅需要苗种培育企业来做，而且还需要政府相关部门和行业相关协会定期举办有针对性的集体培训来实现。培训不仅要提高从业者的育苗水平，而且还要提高从业者的知识产权意识。

（3）规范市场秩序，增强品牌意识　良好的市场秩序，需要多方面的努力，要立法明确、执法严明、司法公正，更需要广大行业内的企业带头遵守，营造良好的行业氛围，让真正的好企业健康发展，减少违法违规企业生存空间。南美白对虾苗种企业，要有强烈的品牌观念，还要注重与互联网相结合，通过互联网技术来提升产品品质和知名度，关注行业动态，实时了解发展前沿和国家政策，抓住机遇，建设成为一流的南美白对虾苗种企业。

（4）制定生产标准，规范虾苗生产　倡导大公司制定企业标准，自产自销，把握各个环节的质量问题，杜绝生产期间使用违禁药品。同时，加强企业自主培训，规范技术员的育苗技术，把握好生产质量关，考核上岗，加强自身优良品种的知识产权保护，树立品牌观念，生产好的虾苗，服务虾农，促进虾苗产业健康、有序发展。

总之，只有政策引导、资金扶持，再加上科研院所、高校和企业建立长期合作创新机制，打造联合育种平台，才能实现南美白对虾苗种产业科学化、良种化、规模化发展，全面推进产业升级和高质量发展。

二、养殖技术优化——中间环节提高南美白对虾品质

南美白对虾的养殖，与养鱼相比技术含量更高一些。

1. 养虾重在养水，养水很重要

南美白对虾养殖，对于水质有很高要求。如果是从外面引水，水质不达标极易对养虾造成不利影响。比如，肉眼不可见的水中颗

粒物，很容易携带病原体、重金属离子、亚硝酸盐，甚至是氨氮等，这些都对成长期的南美白对虾很不利。

引入水源不能直接使用，经过沉淀后消毒，消毒后调水，这样过滤过的水才能进入养虾池内。养虾要用好水，好水有四大特征，分别是"肥、活、嫩、爽"。

搞养殖，尤其是南美白对虾养殖，可以让对虾适当喝点"酸奶"。所谓酸奶指的是乳酸菌和一些有益于活水的物质的混合物，能调节水质，让净化后的虾池符合"肥、活、嫩、爽"的特征，并且这种"酸奶"还对虾的肠道有好处。

2. 适时放苗，采用塘口分散渐进淡化标粗技术

在各养殖池塘划出3%～5%的小水面积用塑料膜封闭，并调配成3～4低盐度水体，放入虾苗淡化。淡化密度为每平方米2 000～3 000尾。通过近半个月的逐步稀释淡化标粗养殖后，虾苗长至2厘米左右，逐渐放入池塘，进行养殖。池塘养殖密度为4万尾/亩左右。

3. 水质的调控

首先，控制好水色，养殖南美白对虾理想的水色是由绿藻或硅藻所形成的黄绿色或黄褐色。在养殖过程中要有意识地调控达到这一理想水色。如瘦水池塘早期施放有机肥，追肥量视池塘水质透明度、pH、水色等灵活掌握，每星期追肥1次。养殖中由于残饵及虾的排泄物增多，导致水色变深，可采取适量换水或施用一定生石灰来控制水色。同时，在虾池中施用微生态制剂，如光合细菌、EM生物活性细菌、芽孢杆菌等，能及时降解进入水体中的有机物，如残饵等，减少耗氧量，稳定池塘水色。其次，池水pH和溶解氧量的调控，南美白对虾适宜的pH为7.8～8.5，可通过定期泼洒生石灰来调节。通过开启增氧机来调节溶解氧量，确保池水溶解氧量在5毫克/升以上，池塘底层溶解氧量在3毫升/升以上。

4. 科学投饵

生产中，一般投喂南美白对虾全价配合饲料，投饵量根据虾的

大小、成活率、水质、天气等综合因素而定。养殖前中期（虾体长3～8厘米），日投饵量为虾体重的6％～8％，养殖后期（虾体长8厘米以上），日投饵量为虾体重的4％～5％。每天分2次投喂，投喂时间分别为7：00、19：00；晚间投喂量占日投饵总量的50％。投喂方法为沿池边均匀投喂。

5. 加强病害的防治

在生产中坚持以预防为主，首先，做好池塘水质调控工作，这是防治虾病的关键；其次，做好水体消毒和杀虫工作，在6月和8月分别用二溴海因和阿维菌素进行杀菌和杀虫，能有效控制病害发生。

（1）气泡病　气泡病一般出现在放苗前40天的虾身上，因为小型的藻类，或者蓝藻大量繁殖，造成浮游生物少，溶解氧量大。这种气泡病的处理，首先，开增氧机曝气，先把水中的氧气含量降下来；其次，可以泼洒表面活性剂＋钙镁，破除水表面的张力，加速曝气，让虾壳迅速硬起来。

（2）纤毛虫病　出现纤毛虫病一般都与改底有关。长期不改底，造成虾池底部脏乱差，从而造成南美白对虾体质弱，营养不良。对纤毛虫病的处理，可以用臭氧片＋季磷盐，隔天晚上用1次，连续用2次后，每隔5天定期改底，并且要适当加料，增强南美白对虾的体质。

（3）肠炎　肠炎一般由细菌感染引起。一般得肠炎的虾会出现肠道发红、不吃料或者少吃料，严重时就会有白便、空肠和空胃状况。防治时，前期可以喂料拌"利生优酸乳"，这样能减少有害菌，后期拌丁酸梭菌，增加有益菌。发现有发病苗头时，喂料时拌入胆汁酸＋海洋红酵母。改底一定要勤。

（4）肝萎缩　造成虾类肝萎缩的原因，一般有两点，营养不足和细菌病。如果是营养不足，那么呈现出肝黄和肝白，如果是细菌病，则呈现出肝红、红须、红尾和红身现象。在治疗方案上，如果是营养不良引起的肝萎缩，就要用"活性多糖"先泼水后拌料，并适当加料。如果是细菌性肝萎缩，则要采取"肝乐健＋肝肠健宝"

拌料，并要放入一些杂食性或者肉食性的鱼类，以达到吃掉病虾的目的。

6. 加强管理，建立塘口档案

生产中养殖人员及时记录水温、投饵、用药和南美白对虾的生长情况，收集有关技术数据和材料，建立养殖塘口档案，以便根据具体情况及时调整饲养管理，同时也为周边养殖户翌年的养殖提供经验。

7. 发展对策

（1）科学管控，合理养殖 践行科学的管控思路与方法是有效保证南美白对虾得以正常生长的能动性因素，是可控养殖管理的核心内容，贯穿于养殖全过程。虾是"养"出来的，而不是靠"治"生长的；在养殖方面要学会舍得投入，有舍才有得，要从能根本解决问题的角度来考虑养殖方案，而不是从成本控制的角度来考虑和处理问题，要保证能养出成虾，这是成功获得效益的关键。

（2）认清问题，抓住关键 认清问题，抓住关键环节与问题。种苗是决定能否养大虾的基础保证，在种苗选择方面，坚持选择对的种苗，选择经过检测的虾苗。种苗、虾药、饲料是养殖南美白对虾的关键因素。种苗是主体，虾药和饲料是为种苗服务的，而饲料只是提供基础营养，虾药提供预防、治病保健。

（3）预防为主，治养结合 要从根本上解决问题，应激性病害是一切病害的根源，养殖过程中最大的问题就是因气候变化产生的应激反应，然后是感染性病害。要切实消除、防控应激性病害，须从技术上解决问题，这涉及菌藻养护、控菌、解毒及营养免疫等各方面的水体调节。治养结合，养是要保证解决问题与治疗病害的有效性，治是要彻底解决问题。在南美白对虾养殖中，没有"养"的结合和基础作用，"治"往往达不到目的。如解决氨氮、亚硝酸盐浓度过高造成的中毒性慢料问题，除通过外用及内服药物进行排毒解毒来治疗外，还需从养的方面进行调水养藻，降解水体的氨氮和亚硝酸盐，治养结合的效果更好。

三、养殖模式升级——更好地养殖更多的优质南美白对虾

目前，南美白对虾养殖规模巨大，但多数养殖模式较落后，属于靠天吃饭。为了南美白对虾养殖提质提量，科学规范，应当从养殖模式、养殖方法、养殖环境构建、品牌形象营造上优化升级养殖产业。要加快养殖产业的优化升级，科学施行养殖尾水的处理，积极推进集约化循环水养殖模式、生态浮床尾水处理模式、生物絮团养殖零换水养殖模式、多品种混合生态养殖模式，通过新模式、新技术来推进南美白对虾养殖产业，向机械化、智能化、品牌化、节水化升级优化。

用地减少、塘租提高、环境监管升级、养殖亏损率逐年上升，这些养殖业不可避免的问题在加剧南美白对虾养殖业竞争的同时，也进一步激发了这个产业的潜力。产业提升的实质其实是设施水平的升级改进，而背后便是投入成本的提高，处于瓶颈期的南美白对虾产业也亟须政策方面的积极引导与示范产区的经验分享，探索新养殖模式、有效的改造方法成了目前养殖南美白对虾亟待破解的难题。

1. 土塘养殖模式

土塘养殖是最原始最简单的方法，是全国南美白对虾养殖面积最大的模式，也是改造和提升空间最大的养殖方式。原始和简单表现在一般不配备蓄水池和大棚，这就导致其受周边环境、水源和天气变化影响更大，季节性更强，表现出"靠天吃饭"的特点。试想人家放苗你放苗，人家发病你发病，人家卖虾你卖虾，所有步调都与广大养殖户一致，那么大家都没钱挣，你也就挣不到钱。

但是，土塘养虾也具有很明显的优势：投资小、水面积大、水体稳定、易操作，同时有较多附加价值，比如你可以土塘混养，海淡水均可以混养少量肉食鱼、蟹类、贝类，也可以采用轮捕轮放等操作方式提升收益，这样算下来土池的生产效率还是挺高的。总的

来说，土池可控性差，外界影响因素多、影响大，但投资小、风险低、养殖操作简单，不需要太高的养殖技术，回报也很可观！

目前土池分为 3 种模式：

（1）如东小棚模式 面积 300～500 米²/棚，放苗密度大，产量高，可控性好，但养殖技术要求高，投入成本高，且要求有丰富的带盐度的水源。此种模式养殖成功率很高，且养殖效益显著。

（2）珠三角及福建地区冬季盖棚模式 此种模式为白水虾和冬棚虾轮养模式，一年 4～5 茬，高温季养殖密度稍小，每亩放苗 3万～5 万尾；冬季盖棚后，放苗密度大，5 万～8 万尾/亩，养殖效果好，投入成本稍低于小棚模式，是珠三角地区养殖非常成功的模式，效益显著。

（3）土塘模式 受周边环境、水源和天气变化影响更大，季节性强，如湖南、湖北、江西等地，仅在每年 4—10 月可养殖，经过标苗后，1 年养殖 2 茬，但放苗、卖虾比较同步，虾价较低，养殖效率低。

现如今面临土地租用成本提高、所需配套用地面积增大、效益提升遇到瓶颈等问题，一旦遇到台风、暴雨季节，池内的虾很容易产生应激反应导致大规模死亡。应当根据当地条件，适时进行土塘养殖升级、加盖冬棚、增加增氧设备等，适应各种季节情况，助推养殖效益提升。可集中对池塘进行改造，配备储水池及污水处理池和设备，保证养殖稳产与高效，也为污水达标排放政策的推行奠定设施基础。

如东小棚模式满足了高密度养殖南美白对虾的一个条件，即提供充足的溶解氧，并没有最大化处理池塘中多余的氮，这也是限制小棚提升产量的一个主要原因。如果将小棚改成方形切角形状，加入水车搅动水体，增加集污效果，相信可以为土池的产量带来质的飞跃。

2. 高位池养殖模式

高位池的投入，无论前期固定的挖池建造成本还是养殖运行成本，都比土池高很多。以前挖的高位池，面积都较大，一般为 6～

10 亩，近年来开挖或部分改造的高位池面积一般 1～2 亩，形状偏向圆形（集污效果好），锅底，中央排污，底增氧和水车相结合，塘埂和底水泥浇筑，也有沙底，配有大棚、蓄水池。如果配有充足的蓄水池，蓄水量要占到养殖用水量的 3 成甚至更高。

高位池养殖模式一般采用集中标苗再分塘养殖的方式，或者直放苗方式，即直接放养 1 厘米左右的小苗。高位池一般都搭有温棚，目前高位池多数为家庭式养殖模式。一个家庭或个人有 2～3 口池，每口池面积 1～2 亩，个人养殖管理细心、认真、负责，往往能取得不错的养殖产量和效益。还有部分大公司或大老板投资，集中修建或租用 20～100 口 1～2 亩的高位池，请专业技术人员及管理人员操作，本身很少参与，这种模式风险较高，管理人员及技术人员很重要。

稍具规模的养殖场会配有锅炉加热设备，这样可以将放苗时间提至春节前后，以便于更早抢占市场，卖出高价格。因为早期水温低，水源质量高，大棚内水质更稳定，上半年的养殖成功率有保障，不过下半年养成率明显低很多。造成这一现象的原因有以下几个：

（1）高温季放苗，水温高，藻类繁殖旺盛，时有台风暴雨天气，水体稳定性差，易导致弧菌暴发。

（2）水源可能携带病毒，易造成苗种感染。

（3）养殖中后期，气温走低，常有北风，存塘量大，水质差，弧菌易暴发，突然盖棚也容易导致水体变化大导致发病。

现在国家对养殖场的尾水排放标准要求比较高，要求养殖场建污水处理池、配备设备，并进行定期检查。要达到排放标准需要准备更多的尾水处理空间，这无形中增加了养殖成本。高位池投资大，风险高，可控性稍高，但不够，受水源影响大，政策严格时，利润受到较大影响，下半年成功率低，养殖意义不大，同时对人员管理有一定要求。

高位池养虾，随着环保要求越来越高，高位池要向土池的多样化养殖方式学习，优化养殖方案，将家庭式或个人养殖所排放的污

水集中进行污水处理，达到排放标准后再排放，或是联合起来建立循环水系统，节约用水和达到污水处理的效果。各地政府部门出台养殖业鼓励政策及优惠，鼓励专业学习水产养殖的新一代投身南美白对虾养殖，同时开展养殖技术培训班及实践班，提高养殖的专业性，进行多品种结合养殖，才能走得更远，提质增效。

3. 室内高密度养殖虾

淡水高密度养，目前来讲，能高产的只是个例，且养殖成本过高，风险大，养殖的意义不是很大。海水高密度养虾，海水养殖情况下虽然弧菌会较淡水养殖严重，但是海水中含有丰富的矿物元素，且南美白对虾在高海水盐度中对亚硝态氮有很高的承受力，这就为对虾的高密度养殖创造了较大的空间。利用增氧设备保证充足的水体溶解氧，通过排污换水等操作方式将水体中多余的氮控制在安全范围内，再投以充足的饵料，南美白对虾的基本生活就有了保障。

室内高密度养虾，需配有固定厂房，对厂房的要求：天冷时，保温好（节省加热成本）；天热时，通风好，能遮阳，最好实现自动化，能省不少人力。水源要求更高，要求稳定、充足、无污染，要配备蓄水池，蓄水量一般要达到养殖水体的 6 成或更高。采用常规换水养殖模式想要获得高产，蓄水量要达到养殖水体的 9 成。

高密度养虾池塘结构：目前常见圆形池和方形切角池。圆形池更利于集污，但是土地利用率低；方形切角池，土地利用率高，也较容易利用纳米管制造出旋转水流。总的来看，室内高密度养虾，密度高，可控性强，基本摆脱了靠天吃饭的命运；但投资大，管理要求高，设施设备仍有很大的进步空间，如配备循环水处理系统，可节省大量储水池，并进行污水排放处理，这样才能早日实现自动化！

四、流通与加工——让更多人吃到美味的南美白对虾

南美白对虾的养殖主要是在较为偏远的农村、海边等地，一般

都远离主要消费的大城市。把鲜活的南美白对虾运送到水产品售卖市场或吃虾的客户手上，需要一个庞大的中间流通环节。中间流通人员将沿海或农村养殖的鲜活南美白对虾，捕捞冰水降温后，使用水车曝气充氧的方式经过陆路源源不断地从沿海向内陆和主要消费大城市运输。通过不断地更新运输技术，目前已经能够把鲜活的南美白对虾运输到全国大部分区域，为内陆地区的人们提供鲜活南美白对虾。

南美白对虾是我国重要的内销及出口的水产品之一。自规模化养殖推广以来，与之相配套的冷冻南美白对虾加工力量也日益壮大。当前，南美白对虾冷冻加工品种有冻（生）单冻对虾、冻（熟）单冻对虾、（生）块冻对虾及虾仁等产品。本系列产品主要在国内销售。出口加工产品中还有部分凤尾虾、面包虾和熟虾仁等，但此部分所占加工比例较小。通过多年探索和实践，在市场需求的推动下，南美白对虾从养殖到加工再到餐桌，总结出部分产品的加工工艺，已经形成了一套完善、成功的程序，供应于各大商超和水产品零售店及摊位。

南美白对虾加工是一门艺术，不但要求产品质量好、口感好，而且还要求外观美观。南美白对虾加工品，国内主要对虾生产区竞争也逐渐激烈，南北方存在着激烈的竞争关系，而在国际上还面临着泰国、越南、印度尼西亚和印度等国家与我国争夺全球范围的市场。但国内拥有丰富的自然资源和来自政府部门的支持，南美白对虾产业将在较长时间内持续发展，并服务于全国乃至世界市场。

五、协会、联盟助力全产业联动——全方位把控南美白对虾品质

随着南美白对虾产业的不断发展壮大，已经形成了包括苗种、养殖、饲料供应、综合加工、物流仓储、出口贸易等在内的完善产业链，涉及苗种选育、生产、物流集散、技术研发等多方面重要内容。产业健康和可持续发展需要产业链各个环节的通力合作与配

合。而南美白对虾产业链环节涉及主体众多且分散，既有广大的养殖户，也有企业、科研单位、地方政府等，需要农村合作社、养殖协会、联盟构建起各方主体沟通交流的桥梁，促进全产业联动，才能更好地确保绿色生产、市场有序，全方位把控和提高南美白对虾的品质。

合作社、协会和联盟等组织的成立，能够搭建起各方交流平台，有利于产业健康发展和品牌建设，促进官、产、学、研密切合作，为产业发展提供技术支撑和优良的外部环境，共同围绕产业发展存在的问题开展攻关和协作，有助于将产业进一步做大、做强、做优，对于区域经济发展也具有巨大的推动作用。2017 年 11 月，全国性协会——中国渔业协会对虾分会成立，标志着我国对虾产业发展翻开崭新的一页，对于完善具有中国特色的对虾健康养殖技术体系和产业经济模式，推动"对虾文化"建设、繁荣我国渔业产业、提升渔业科技自主创新能力都有重大意义。同时，南美白对虾主产区也成立了地方性的合作社、联盟和协会，对于进一步优化南美白对虾产业具有重要作用。

第二章 识别南美白对虾

第一节 见识所谓的"对虾"

一、我国对虾养殖的历史

1. 第一阶段

1978—1984 年的起步阶段。1979 年开始，政府主管部门全面推广应用对虾育苗成果。到 1982 年，中国明对虾、长毛明对虾、墨吉明对虾、日本囊对虾、斑节对虾和刀额新对虾等主要品种的工厂化育苗有了不同程度的突破，使我国对虾育苗技术很快进入世界先进行列。

2. 第二阶段

1985—1992 年的快速发展阶段。1985 年，国家出台相关政策，支持对虾养殖业快速发展。到 20 世纪 90 年代初，国家、地方和生产者共投入资金上百亿元，建成了 16 万多公顷的养虾池、年育苗能力 1 000 多亿尾的育苗室、年产量 30 多万吨的饲料加工厂，以及一大批为养虾生产服务的配套设施，形成了一个上百万人参与、年产养殖对虾 20 多万吨（1991 年创历史最高水平，达 21.9 万吨），产值 50 亿元，创汇 5 亿～7 亿美元的重要产业，使我国成为当时世界对虾养殖生产和出口大国。

3. 第三阶段

1993—1996 年的低谷徘徊阶段。由于对虾养殖业发展过快，而相关的合理布局、合理放养和防病治病等技术没有跟上，导致了 1993 年对虾病毒性疾病的暴发，当年养虾产量降到 8.8 万吨，1994 年再次降到 6.4 万吨，使广大对虾养殖生产者蒙受了巨大损失，许多与养虾配套的加工、冷冻企业也因此被迫停产或转产，我国对虾养殖生产跌入了低谷。1993—1996 年的对虾养殖产量一直徘徊在 6 万～9 万吨。

4. 第四阶段

1997 年以后的恢复和再度辉煌阶段。由于经验教训的总结、养殖技术的提升、养殖模式的更新，以及新品种（斑节对虾和南美白对虾）的成功推广，全国对虾养殖产量及占世界总产量的比例逐年上升（图 2-1）。2021 年，全国对虾的养殖产量为 227.61 万吨。

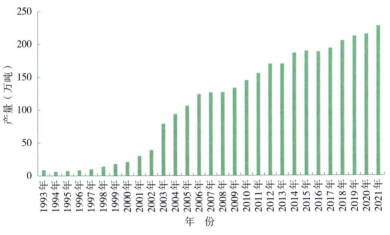

图 2-1 中国历年对虾养殖产量

二、我国几种常见的对虾养殖品种

2021 年，中国主要养殖对虾品种为南美白对虾、斑节对虾、中国明对虾、日本囊对虾等（图 2-2）。其中，南美白对虾是绝对的主要养殖品种,年养殖量达到 197.74 万吨,占对虾养殖总量的 86.88%。其中,斑节对虾 10.47 万吨(4.60%)、中国明对虾 3.25 万吨(1.43%)、日本囊对虾 4.45 万吨(1.96%)。

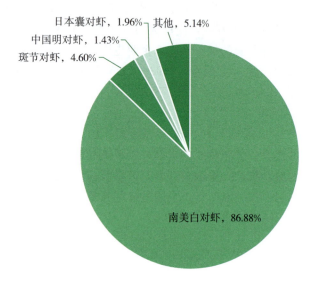

图 2-2 2021 年全国主要养殖对虾品种及其产量占比

1. 南美白对虾 (*Litopenaeus vannamei*)

又称万氏对虾,主要分布于美洲太平洋沿岸,是厄瓜多尔等美洲国家主要养殖品种,也是世界三大主要对虾养殖品种之一(图 2-3)。到 2001 年,我国南美白对虾养殖产量已超过斑节对虾,列于首位。其优点是繁殖周期长,在广东、广西、海南和福建南部可全年进行苗种生产;生长速度快,正常养殖 70~90 天可上市;适应性强,抗病力强,离水存活时间长,可活虾运输;肉质鲜美,出肉率可高达 65% 以上,最大体长可达 23 厘米。

(1)形态特征 全身近白色,透明。额角短,不超过第一触角柄的第二节。第一触角内外鞭等长,皆短而小。在正常情况下,大触须青灰色。步足常呈白垩色。头胸甲短,与腹节之比约为 1∶3。雌虾不具纳精囊。额角上缘具 8~9 齿,下缘具 2 齿。

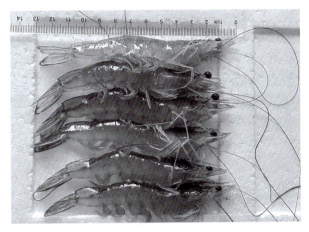

图 2-3　南美白对虾

（2）生活习性

①水温。适应温度为 15～40℃，最适 25～32℃，对高温的耐受上限可达 43.5℃（渐变幅度）。水温低于 15℃时，停止摄食，长时间处于水温 12℃的环境中会出现昏迷状态，低于 9℃时死亡。

②盐度。适应盐度为 0.2～40，最适盐度为 10～20，放养到淡水中养殖必须先经过一段时间的淡化。在最适盐度范围内，生长过程中盐度越低生长越快，而且病毒病也越少暴发。

③酸碱度。7.7～8.3 较为适合，忍受能力在 7～9。

④溶解氧。一般要求 6～8 毫克/升，在粗养池塘密度小的可在 4 毫克/升，一般不低于 2 毫克/升。

⑤透明度。养成早期的透明度可控制在 40～60 厘米，养成后期的透明度应控制在 20～40 厘米。

⑥摄食习性。杂食性，对饲料蛋白质要求不高，粗蛋白质含量为 20%～35%。

2. 斑节对虾（*Penaeus monodon*）

是对虾属中个体最大的一种（图 2-4）。台湾、海南、福建称其为草虾，广东称其为九节虾或鬼虾。斑节对虾个体大，肉质细嫩，滋味鲜美，营养丰富，是受欢迎的高蛋白、低脂肪的食品。其生长速度快、食性杂、养殖周期短，为世界重要的养殖对象，是世界三大养殖对虾之一。斑节对虾养殖地区广阔，是热带、亚热带的主要养殖虾类。在我国台湾有悠久的养殖历史，20世纪80年代初开始在大陆沿海试养，1987年突破苗种生产技术关之后，该虾的养殖迅速在我国福建以南各省份沿海发展起来，成为长江以南沿海的主要养殖虾类之一。

图 2-4　斑节对虾

（1）形态特征　头胸甲中央沟窄而浅，第一触角鞭稍长于柄部，约为头胸甲长的 2/3。额角上缘具 7～8 齿，下缘具 2～3 齿。体具暗绿、深棕和浅黄横带，相间排列，约具 9 条横斑。

（2）生活习性

①水温。适应温度为 15～35℃，最适温度为 25～33℃，18℃停止摄食，14℃开始死亡。

②盐度。适应盐度为 0.2～45，最适盐度为 10～20。

③酸碱度。适应酸碱度为 7.6～9.0，最适酸碱度为 7.9～8.5，7.2 时可使体弱的虾苗死亡。

④摄食习性。杂食性，对饲料蛋白质要求较高，通常在 38% 以上，性凶猛，在饥饿情况下，有互相残杀现象。

3. 中国明对虾（*Fenneropenaeus chinensis*）

又称明虾或大虾，因个体大，过去在北方以一对论价，因此称为对虾，是我国的特有种（图 2-5）。中国明对虾雌雄体色不同，雌虾体长 18～23 厘米，体重 70～150 克，最大体长达 26 厘

米，体重 210 克，成熟后体色呈青色，也称青虾；雄虾小，体长
15～20 厘米，体重 70～150 克，体色呈黄褐色，故称之为黄虾。
原天然分布主要在黄海、渤海和东海北部，少量分布在广东珠江
至阳江闸坡沿岸。近几年沿海重视中国明对虾苗放流，现在我国
沿岸几乎都可以捕到。它具有生长快、对盐度适应范围广、肉质
鲜美等优点，是我国北方主要养殖品种，也是世界三大对虾养殖
品种之一。

图 2-5　中国明对虾

（1）形态特征　活虾体色很透明，无斑纹，身上有小花点。头
胸甲背面前部的额角后部没有明显的中央沟，第一触角的触鞭较
长。头胸甲前有一细长的额角，上缘具 8～9 齿，下缘具 3～5 齿。

（2）生活习性

①水温。耐受水温为 4～38℃，越冬场的最低水温有时可达
6℃左右。最适生长水温在 18～30℃，水温为 25～30℃时生长最
快。水温降至 3～4℃时即不能游动，久之便会死亡。越冬亲虾的
适温是 7～11℃，以 9～10℃为最适。在人工越冬条件下，雄虾对
于温度的适应能力比雌虾差。

②盐度。最适生长盐度为 8～25，适应盐度为 1～40。

③酸碱度。最适酸碱度为 7.9～9.3，低于 7.6 时蜕皮不正常。

④摄食习性。食性广，适应性强，摄食量大，喜食蛋白质含量
高、脂肪和糖类含量低的食物。

4. 日本囊对虾（*Marsupenaeus japonicus*）

在广东又称竹节虾、花虾，台湾、福建称其为斑节虾（图2-6）。自20世纪90年代起在我国沿海广泛进行养殖。该虾肉质鲜美柔软，营养丰富，且较耐低温，活力强，耐干露，适于鲜活销售，售价较高。

图2-6　日本囊对虾

（1）形态特征　甲壳光滑，额角稍向下倾，末端尖细，微向上弯。第一对触鞭很短，仅为头胸甲长的1/4。体表具有鲜艳的棕色和蓝色相间的横斑，腹肢黄色，尾肢后部呈美丽的蓝色和黄色。雌虾体色棕褐色，雄虾稍青蓝。

（2）生活习性

①栖息。仔虾一般生活于浅水区；当体长达到1.2～1.5厘米时，逐步从浮游生活转为底栖生活；当体长达到2.2厘米以上时，开始有潜沙现象，通常潜伏在1～3厘米深的沙面下，遇到物理刺激往往会潜得更深。由于日本囊对虾明显的潜沙特性，所以在人工养殖时，要求池塘底质以干净而疏松的沙质或沙泥质为好，收获时不宜用排水法捕捉（图2-7）。

②水温。适应水温为10～29℃，最适水温为20～28℃。水温高于32℃时，生活不正常，高于38℃时会导致死亡；低于18℃时仍可生长，低于8～10℃停止摄食，5℃以下死亡。

③盐度。对盐度要求较高，适宜的盐度为15～34，最适盐度为20～30，不耐低盐，要求盐度不能低于11，当盐度低于7时会大量死亡。日本囊对虾对盐度的突变很敏感，盐度突变会造成大批量死亡。

④酸碱度。最适酸碱度 7.0～9.0。

⑤摄食习性。日本囊对虾对蛋白质含量要求较高，人工养殖时要达到 30％以上，饥饿状态下互相残杀严重（图 2-8）。

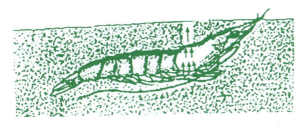

图 2-7　日本囊对虾潜沙状态（箭头所示为呼出水流方向）

图 2-8　斑节对虾或日本囊对虾在饥饿状态下相互残杀

5. 其他

（1）墨吉明对虾（*Fenneropenaeus merguiensis*）（图 2-9）是暖水性的大型海产经济虾类，在我国分布于广东、广西沿海海区，是一种生长快、养殖周期短、经济价值高的主要养殖对象之一，是广东、广西沿海早期的主要养殖品种。

（2）长毛明对虾（*Fenneropenaeus penicillatus*）（图 2-10）对温度适应范围很广，广泛分布于我国的福建、广东、广西沿海，常与墨吉明对虾栖息在一起。尤其在北部湾，其产量在大型虾类中所占比例特别大，因此早已成为内海捕捞和鱼塭养殖的重要种类之一。

图2-9 墨吉明对虾

图2-10 长毛明对虾

（3）刀额新对虾（*Metapenaeus ensis*）（图2-11） 在广东俗称沙虾、泥虾、基围虾，在福建俗称沙虾或芦虾，是一种适宜于海、淡水养殖的新对虾品种。身体肥壮而结实，肉质脆嫩而鲜美，对水中低溶解氧的耐受程度和离水后的耐干能力及存活时间均比其他虾类强，活体运输方便。在广东、福建、浙江、江苏等省份都有养殖。

图2-11 刀额新对虾

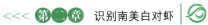

三、几种增养殖对虾的特征

见表 2-1。

表 2-1　几种对虾的特征

	形态特征	生活习性	特别说明
南美白对虾	身体近白色，透明；额角短，不超过第一触角柄的第二节；头胸甲短，与腹节之比约为 1 : 3；额角上缘具 8～9 齿，下缘具 2 齿	水温：适应水温 15～40℃，最适水温 25～32℃，15℃停止摄食，长时间处于 12℃的环境中会昏迷，低于 9℃时死亡	
		盐度：适应盐度 0.2～40，最适盐度 10～20	
		酸碱度：7.7～8.3 较为适合，耐受范围在 7～9	
		摄食：杂食性，对饲料蛋白质要求不高，要求粗蛋白质含量为 20%～35%	
斑节对虾	体具暗绿、深棕和浅黄横带，相间排列，约具 9 条横斑；头胸甲中央沟窄而浅；第一触角鞭稍长于柄部，约为头胸甲长的 2/3；额角上缘具 7～8 齿，下缘具 2～3 齿	水温：适应水温 15～35℃，最适水温 25～33℃，18℃停止摄食，14℃开始死亡	性凶猛，在饥饿情况下，有互相残杀现象
		盐度：适应盐度 0.2～45，最适盐度 10～20	
		酸碱度：适应酸碱 7.6～9.0，最适酸碱度 7.9～8.5	
		摄食：杂食性，对饲料蛋白质要求较高，通常在 38% 以上	
中国明对虾	体色雌雄不同，甚透明，无斑纹，身上有小花点；头胸甲背面前部的额角后部没有明显的中央沟；第一触角的触鞭较长；额角细长，上缘具 8～9 齿，下缘具 3～5 齿	水温：适应水温 4～38℃，最适水温 25～30℃	越冬亲虾适温 7～11℃，以 9～10℃为最适。在人工越冬条件下，雄虾对于温度的适应能力比雌虾差
		盐度：适应盐度 1～40，最适盐度生长 8～25	
		摄食：食性广，适应性强，摄食量大，喜食蛋白质含量高、脂肪和糖类含量低的食物	
		酸碱度：最适酸碱度 7.9～9.3，低于 7.6 时蜕皮不正常	

（续）

	形态特征	生活习性	特别说明
日本囊对虾	体表具鲜艳的棕色和蓝色相间的横斑，腹肢黄色，尾肢后部呈蓝色和黄色；甲壳光滑，额角稍向下倾，末端尖细，微向上弯；第一对触鞭很短，约为头胸甲长的1/4	水温：适应水温 10～29℃，最适水温 20～28℃，低于 10℃停止摄食，5℃以下死亡	有明显的潜沙特性，在人工养殖时，要求池塘底为干净沙质或沙泥质，收获时不宜用排水法捕捉；对盐度的突变很敏感，盐度突变会造成大批量死亡；饥饿状态下互相残杀严重
		盐度：适宜盐度 15～34，最适盐度 20～30，低于 7 时会大量死亡	
		酸碱度：7.9～9.0	
		摄食：对蛋白质要求较高，人工养殖时配合饲料蛋白质含量要达到 50%～60%	
		盐度：0～34	
		酸碱度：7.0～9.0	
		摄食：杂食性，但偏爱动物性饲料，投喂人工合成饲料要求粗蛋白质在 30%以上	

第二节　南美白对虾的生活习性

一、环境适应性

1. 水温

南美白对虾在自然海区栖息的水温为 25～32℃，对水温变化有很强的适应能力，且对高温变化的适应能力要显著强于低温。它在人工养殖条件下可适应的水温为 15～40℃，对高温的热限可达 43.5℃（渐进式升温）。在规模化养殖生产过程中的最适水温一般为 25～32℃，与它栖息的自然海域接近；水温低于 15℃时，停止摄食，长时间处于水温 12℃的低温条件下会出现昏迷，低于 9℃时死亡。通常养殖的幼虾在水温 30℃ 时生长速度最佳，个体重为 12～18 克的大虾于水温 27℃ 左右时生长较好；养殖水温长时间低于 18℃ 或高于 33℃ 时，对虾多处于胁迫状态，抗病力下降，食欲减退或停止摄食。

一般个体规格越小的幼虾对水温变化的适应能力越弱。水温上升到 41℃ 时，个体小于 4 厘米的对虾 12 小时内全部死亡，而大于 4 厘米的对虾部分死亡。如果使水温进行小幅度、长时间的渐进式变化，对虾的温度适应能力会大幅提高。

2. 盐度

南美白对虾是广盐性的虾类，对水体盐度的适应范围为 0.2～40。南美白对虾在海水、淡水、咸淡水，以及盐碱水中均可以养成。在淡水、咸淡水环境下放养虾苗时，须经过渐进式的淡化处理，在低盐度水体条件下对虾生长速度较快。我国湖南、江苏、辽宁、新疆等不少地区采用淡化养殖方式进行南美白对虾的规模化养殖生产。

3. 酸碱度（pH）

养殖水体的酸碱度是反映水体质量的一个综合指标，通常以 pH 标识它的强弱，pH 越高表明水体的碱性越大，pH 越低则水体酸性越大，当 pH 等于 7 时，水体酸碱度呈中性。

南美白对虾一般适于在弱碱性水体中生活，pH 以 7.7～8.3 较为适合。当水体 pH 低于 7 时，南美白对虾会处于胁迫状态，个体生长不齐整，活动受限制，影响正常蜕壳生长；水体 pH 低于 5 则不利于养殖。而在过高的 pH 条件下，水中氨氮的毒性会大大增强，同样不利于养殖对虾的健康生长。

通常养殖池塘水体的 pH 变化与微藻数量、光照度和水质等因素密切相关，也是水体中理化反应和生物活动状况的综合反映。天气晴好时，微藻进行光合作用，吸收利用水中的二氧化碳，释放出氧气，促使水体 pH 升高；夜晚时分或连续阴雨天气下，微藻的光合作用大幅降低，水体环境中各种生物的呼吸作用和有机物氧化分解，促使水中的二氧化碳浓度不断升高，从而造成 pH 下降，池水就向酸性转化，这种情况可能导致腐生细菌大量繁殖，进而促使对虾病害的发生。

故应定期监测养殖水体的 pH 变化情况，若出现异常须及时查找原因并采取科学的处理措施，使对虾在非胁迫条件下健康生长。

4. 透明度

透明度反映了水体中浮游生物和其他悬浮物的数量，是对虾养殖中需调控的水质因子之一。一般在虾苗放养一个月内水体透明度控制在 40～60 厘米为宜，养殖中后期的透明度为 30～40 厘米较好。当池塘中浮游微藻大量繁殖时会造成透明度降低，到养殖中后期水色较浓时，水体透明度甚至小于 30 厘米。透明度过低表明水中浮游微藻和有机质过多，水体过肥，容易促使有害微生物大量繁殖，或在养殖中后期光照不足的情况下引起水体溶解氧不足，同样严重影响对虾的健康生长。如果池塘水体营养不足，会造成浮游微藻生长不良使透明度增大；如果池塘存在大量丝状藻或底生藻类，会大量吸收水环境中的养分，限制浮游微藻的生长繁殖，令水体透明度明显增大。若水体透明度过大，阳光直接照射到池底，不利于养殖对虾的健康生长。此外，如果水体的有机物含量过多，或是遇到台风和强降雨天气，雨水将池塘周边的泥水和杂质冲刷到池中，水体透明度也会大幅降低，从而引起水质恶化，同样不利于对虾健康生长。

5. 溶解氧

水体中的溶解氧是维系水生生物生命的重要因子，不仅直接影响养殖对虾的生命活动，而且与水体的化学状态密切相关。所以，水中的溶解氧含量是综合反映池塘水体环境状况的一个关键指标，在养殖过程中须予以高度关注。

如果池塘中放养对虾密度过大，水色浓，透明度过低，水体的溶解氧含量变化也会较大。光照充足的晴好天气下，水中微藻光合作用产氧量大于水中呼吸作用的耗氧量，水体溶解氧含量出现盈余，溶解氧达到较高水平，有时甚至高达 10 毫克/升以上。在夜间或光照度较弱的连续阴雨天气下，微藻光合作用产氧效率大幅降低，水体中对虾、浮游生物、微生物等各种生物的呼吸作用大量耗氧，溶解氧含量处于较低水平。养殖后期水中的溶解氧含量在黎明前有时甚至可降至 1 毫克/升以下，导致对虾缺氧窒息大量死亡。

南美白对虾的缺氧窒息点在 0.5～1.5 毫克/升，个体规格与耐受低氧的能力存在一定的关系，个体越大耐低氧能力越差；在蜕皮生长时，虾体对溶解氧的需求会有所提高，低氧条件不利于其顺利蜕皮，甚至导致死亡。通常在南美白对虾养殖生产过程中，低密度养殖池塘的溶解氧含量应在 4 毫克/升以上，一般不应低于 2 毫克/升；在高密度养殖池塘溶解氧含量要求较高，最好能保持在 5 毫克/升以上，不应低于 3 毫克/升。

二、食性

在自然水域中，南美白对虾的幼体营浮游生活，主要以微藻、浮游动物和水中的悬浮颗粒为食，在虾苗、仔虾阶段还摄食部分微藻和浮游动物，长到成虾阶段则主要摄食小型贝类、小型甲壳类、多毛类、桡足类等水生动物。另外，还摄食部分藻类和有机碎屑。有研究者指出，在完全清澈的实验室水族系统中，仅依靠摄食人工配合饲料的南美白对虾的生长量只是室外养殖系统的一半，究其原因，主要是因为室外养殖池塘环境中含有大量的微藻、微生物及有机碎屑颗粒，池中对虾可摄食各种饵料生物，获得平衡的营养供给，更有利于其健康生长。

在南美白对虾养殖生产中，配合饲料的蛋白质含量达到 25％～30％就足以满足生长需求。这个比例远低于中国明对虾、日本囊对虾、斑节对虾等其他主要养殖对虾种类的需求量。过分提高饲料蛋白质含量，不但不会促进虾体对蛋白质的消化吸收，而且增加虾体负担，未完全消化吸收的蛋白质还会随粪便排出，造成水体污染。

在养殖池中南美白对虾的生长速度还与投喂频率密切相关，通常日投喂频率为 4 次的对虾生长速度较投喂 1～2 次的提高 15％～18％。根据对虾的自然活动习性，可选择在 7：00、11：00、17：00、22：00 进行投喂，一般白天可按日投喂饲料量的 25％～35％进行投喂，夜间为 65％～75％。但也有不同的观点认为，在全人工养殖过程中，池塘水体不存在捕食对虾的敌害生物，在这种条件下对虾的摄食节律可能有所改变，考虑到日间水体光合作用产氧效率高，水体溶解氧充足，也可在日间稍稍加大饲料投喂量。有研究表明，在高密度养殖模式下，日投喂频率6～12次，有利于促进养殖对虾生长及提高饲料利用率（Xu et al.，2020）。

一般南美白对虾在正常生长情况下，摄食量占其体重的3%～5%。而在性成熟期，尤其是精巢和卵巢发育的中、后期，摄食量会大幅升高，可达到正常生长期的3～5倍。所以，在亲虾培育过程中，应根据对虾个体发育适时适量地调整投喂量。同时，可增加投喂一些高蛋白的生物饵料以保证营养物质的充分供给。在虾苗和幼虾培育期间，可适当提高投喂量（Xu et al.，2020）。

三、蜕壳（皮）与生长

1. 对虾的生长发育阶段

南美白对虾的发育生长可分为受精卵、无节幼体、溞状幼体、糠虾幼体、仔虾、幼虾、成虾等7个阶段。其中，仔虾后期以及幼虾之后均属于对虾养成阶段，在此之前的其他阶段均属于幼体发育阶段，需要经历多个幼体阶段，在虾苗培育场中完成。

仔虾阶段的躯体结构基本与成虾相似，仔虾在经过一段时间的培养，到P5后基本可以根据市场需求出售，开展池塘养殖，或者进入全国各地主养区的标粗场进行标粗、淡化等，到一定规格再出售给养殖户，进行池塘养殖，通常养殖70～150天，达到30～100尾/千克的规格上市出售。

2. 影响对虾生长发育的主要因素

养殖对虾的生长速度与蜕壳（皮）频率和体重增长率密切相关。蜕壳（皮）频率是指每次蜕壳（皮）的间隔时间，体重增长率为每次蜕完壳（皮）后到下次蜕壳（皮）前虾体体重的增长量占比。对虾的寿命为1～2年，需蜕壳（皮）约50次。对虾蜕壳（皮）既受体内蜕壳（皮）激素等生理过程的调控，还与虾体体质、病害、环境、营养等因素有密切关系。

（1）水温　温度升高可使对虾的新陈代谢加快，蜕壳（皮）频率升高，蜕壳（皮）周期缩短。当水体温度为28℃时，南美白对虾的幼虾阶段，30～40小时完成1次蜕皮。

（2）月球周期　南美白对虾的蜕壳（皮）过程与月亮的阴晴圆缺存在一定联系。一般在农历每月的初一或十五前后，对虾会大量蜕壳（皮）。体重大于15克的对虾，在农历初一或十五前后5天，蜕壳（皮）的数量占总数量的45％～73％。

（3）环境因子与营养　南美白对虾蜕壳（皮）还与环境因子和营养摄取有关。在低盐度及高水温的条件下，相同时间内的蜕壳（皮）次数有所增加。水体环境突然大幅度变化或是在一些化学药物的刺激下，对虾也会产生应激性蜕壳（皮）。营养供给是否均衡，也会影响蜕壳（皮）顺畅与否，如当钙、镁等营养元素供给量不足时，会使养殖对虾的蜕壳（皮）相对延迟，或是在蜕去旧壳后难以重新形成新的坚硬甲壳。

（4）蜕壳（皮）的过程　对虾蜕壳（皮）多发生在夜间。临近蜕壳（皮）的对虾活动加剧，蜕壳（皮）时甲壳蓬松，腹部向胸部折叠，反复屈伸。随着身体剧烈弹动，头胸甲向上翻起，身体屈曲从甲壳中蜕出，然后继续弹动身体，将尾部与附肢从旧壳中抽出，食道、胃以及后肠的表皮也同时蜕下。刚蜕壳（皮）的虾活动力弱，身体防御机能也差，有时会侧卧水底；幼体和仔虾蜕皮后可正常游动。

由于养殖对虾在蜕壳（皮）体弱时易被其他同伴所残食，所以在生产过程中可通过拌喂功能饲料或添换水等措施，尽量使同一口池塘内的对虾蜕壳（皮）同步，减少个体间相互残食的损失。此外，在对虾蜕壳（皮）过程中，水体溶解氧的供给尤为重要，应提高增氧强度，避免水体缺氧导致蜕壳（皮）不畅甚至死亡。

四、繁殖

南美白对虾的繁殖期较长，怀卵亲虾在主要分布区周年可见，但不同分布区的亲虾繁殖时期的先后并不完全一致。例如，厄瓜多尔北沿海的繁殖高峰期一般出现在 4—9 月，每年从 3 月开始，虾苗便在沿岸一带大量出现，延续时间可长达 8 个月左右。而南方的秘鲁中部一带沿海，繁殖高峰一般在 12 月至翌年 4 月。

1. 南美白对虾属于开放型纳精囊类型

其繁殖特点与闭锁型纳精囊类型者有很大差别。开放型纳精囊类型的产卵过程是先成熟再交配，而闭锁型纳精囊类型是先交配再成熟。所以，两种类型的虾交配和产卵形式略有差异。

开放型（例如，南美白对虾）纳精囊类型：蜕壳（雌虾）→成熟→交配（受精）→产卵→孵化。

闭锁型（例如，中国明对虾）纳精囊类型：蜕壳（雌虾）→交配→成熟→产卵（受精）→孵化。

开放型纳精囊类型的精荚容易脱落，育苗比较困难。

2. 交配

南美白对虾都在日落时交配，通常发生在雌虾产卵前几个小时或者十几个小时，多数在产卵前 2 小时之内。交配前的成熟雌虾并不需要蜕壳。在交配过程中，先出现求偶行为，雄虾靠近雌虾，并追逐雌虾，然后居身于雌虾下方作同步游泳。之后雄虾转身向上，雌雄虾个体腹面相对，头尾一致，但偶尔也可见到头尾颠倒的。雄虾将雌虾抱住，释放精荚，并将它粘贴到雌虾第 3~5 对步足间。如果交配不成，雄虾会立即转身，并重复上述动作，直到交配成功。雄虾也会追逐卵巢未成熟的雌虾，但是只有成熟雌虾才接受交配行为。

新鲜精荚在海水中具有较强的黏性，因此在交配过程中很容易将它们粘贴在雌虾身上。在养殖条件下，自然交配成功的概率仍然很低，原因尚不清楚，有待进一步研究。

3. 产卵和怀卵量

南美白对虾成熟卵的颜色为红色，但产出的卵粒为豆绿色。头胸部卵巢的分叶呈簇状分布，仅头叶大而呈弯指头状，其后叶自心脏位置的前方出发，紧贴胃壁，向前侧方延伸。腹部的卵巢一般较小，宽带状，充分成熟时也不会向身体两侧下垂。体长 14 厘米左右的对虾，其怀卵量一般只有 10 万～15 万粒。

南美白对虾与其他对虾一样，卵巢产空后可再成熟。每 2 次产卵间隔 2～3 天，繁殖初期仅间隔 50 小时左右。产卵次数高者可达十几次，但连续 3～4 次产卵后要伴随 1 次蜕壳。

南美白对虾的产卵时间在 21：00 到翌日 3：00。每次从产卵开始到卵巢排空为止仅需 1～2 分钟。南美白对虾雄性精荚也可以反复形成，但成熟期较长，从前一枚精荚排出到后一枚精荚完全成熟，一般需要 20 天。但摘除单侧眼柄后，精荚的发育速度会明显加快。未交配的雌虾，只要卵巢已经成熟，就可以正常产卵，但所产卵粒不能孵化。

南美白对虾幼体发生与中国明对虾相似，具有多幼体阶段的特点，从卵孵化出来后，要经过无节幼体（6 期）、溞状幼体（3 期）、糠虾幼体（3 期）和仔虾 4 个不同的发育阶段。每期蜕皮或蜕壳 1 次，需经 12 次，历经约 12 天。

无节幼体共分为 6 期（N1～N6），每期蜕皮 1 次，可根据尾棘对数和刚毛的数目变化来鉴别。其特点是体不分节，只有 3 对附肢，尚无完整口器，不摄食，依靠自身的卵黄来维持生命活动，趋光性强。不到 2 天时间，无节幼体就变态发育到溞状幼体。

溞状幼体分为 3 期（Z1～Z3），每天 1 期。进入溞状幼体期之后，幼体体分节，具头胸甲，具完整口器和消化器官，开始摄食，趋光性强，附肢 7 对。3 天之后，溞状幼体变态发育成糠虾幼体。

糠虾幼体也分为 3 期（M1～M3），躯体分节更加明显，腹部附肢刚开始发育，因而头重脚轻。主要特点是常在水体中层呈"倒立"状态，可在水中看见其倒游。经过 3 天后，幼体从糠虾阶段发育到仔虾阶段，其构造基本与成虾相似。

到仔虾阶段后，不是以蜕皮次数分期，而是以天数来分期，如仔虾第 4 期为 P4。到 P4～P5 后，挑选个体粗壮、摄食好、无病毒携带、无体表寄生物，畸形和损伤小于 5%，平均体长达到 0.5 厘米，细菌不超标的虾苗进行调苗；待平均体长达到 0.8 厘米以上，就可出大苗，放养到池塘。

第三章 南美白对虾绿色高效养殖模式与技术

一、育苗场的选址和建设

1. 合理选址

场址的选择需经详细考察，包括地形、水质、水环境变化等方面。建议如下：①场址应建在避风内湾山丘或高地上，避免台风、洪水等造成影响；②周围水质清净，无污染，海水盐度不低于25，水质稳定；③有充足的电力供应和淡水资源，交通方便。

2. 规划设计

主要包括供水系统、供气系统、供热系统、供电系统、尾水处理系统、亲虾暂养池、亲虾培育室、幼体培育室、饵料培养室及仓库等（图3-1、图3-2）。幼体培育室是育苗场的主体工程，其他设施均应根据育苗场的需要而配备。

育苗场的规模应视苗种需求量和资金实力而定，一般可按每立方米育苗水体每批次（3～15）×10⁴尾设计。除考虑近期供应量外，还应考虑发展趋势，预留一定的空间。

育苗场的总体布局应本着安全生产、使用方便、节能环保、避免干扰的原则，科学布置以获得最佳效益。例如，幼体培育室、饵

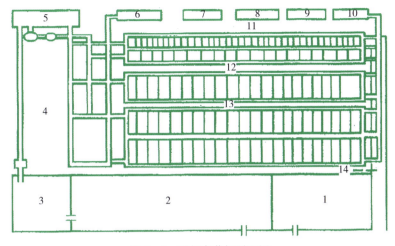

图 3-1 对虾育苗场平面图

1. 亲虾暂养池（土地） 2. 潮差式储水池 3. 沉淀池 4. 水泵房
5. 高位水池（或水塔） 6. 锅炉房 7. 实验室 8. 仓库 9. 配电室（或发电室）
10. 鼓风机房 11. 单胞藻培养室 12. 轮虫培养和卤虫孵化室
13. 幼体培育室 14. 尾水处理系统

图 3-2 广东湛江某虾苗场俯视图

料培育室需要温度和光照，应设计成面南背北，以便多采光能和热能。

　➤锅炉房烟尘、煤灰、灰渣易污染水源与培育室，应设计在育苗季节季风向的下风处，特别是应远离蓄水池和沉淀池。

➤鼓风机房的罗茨鼓风机噪声很大，不能与观察室、化验室设在一起，但又要靠近育苗室以避免送风管拐弯过多增加阻力。

➤在有坡度的地方，还应考虑各系统之间的自流输送，如高位水池建于最高处，并按植物饵料室、动物饵料室、幼体培育室的位次排列。

➤配电室、发电室、变电室一般建在场区的一角。

➤办公室、化验室尽量与幼体培育室靠近，而生活区最好与工作区分开。

育苗场的主要设施有亲虾培育车间、亲虾培育池、产卵孵化池、育苗车间、育苗池、饵料培养池、亲虾越冬池、亲虾选育池、供水系统、充气设备、加温设施、供电设施、育苗工具。

(1) 亲虾培育车间　要求可调光、保温、防雨、通风，采用钢架结构，房顶部为石棉瓦或彩钢板，墙四周设一定量的窗户，窗户设遮光帘。

(2) 亲虾培育池　培育池的面积 $18\sim25$ 米^2/个，深 $100\sim120$ 厘米，以半埋式为好，池长方形、正方形或椭圆形，四角抹成弧形，池底向一边倾斜，坡度为 $2\%\sim3\%$。在池底设有排水孔，池底和池壁可均匀涂抹水产专用的无毒油漆。培育池上方安装日光灯。另外，为了便于操作管理，培育池之间留出人行道 60 厘米。

(3) 产卵孵化池　一般建在亲虾培育车间内，水泥池，大小为 $10\sim20$ 米^2，池深 $100\sim120$ 厘米，长方形或正方形。

(4) 育苗车间　育苗车间的结构和材料要透光、保温和抗风，要经久耐用。一般采用土木结构或砖石结构，可用玻璃或玻璃钢波纹瓦盖顶，四周安装玻璃窗。若用玻璃钢波纹瓦盖顶，要求透光率 $60\%\sim70\%$。如用玻璃天窗，应设布帘，以便调节光线（图 3-3）。

(5) 育苗池　育苗池要布局合理、操作方便、经久耐用。育苗池有座式、半埋式或埋式等几种类型，以半埋式为好。池壁可用钢筋混凝土灌注，也可用砖石砌成，外敷水泥，要求不渗漏、不开裂（图 3-4）。

图 3-3　育苗车间

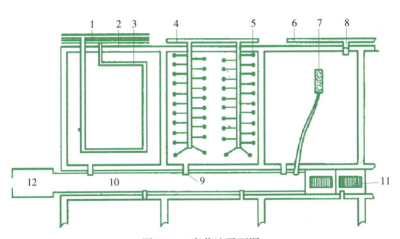

图 3-4　育苗池平面图

1. 供热管　2. 回水管　3. 加热管　4. 送气管　5. 散气管　6. 供水管　7. 换水管
8. 水龙头　9. 出水管　10. 排水沟　11. 排水沟盖板　12. 集苗槽

育苗池形状为长方形或正方形，人行过道宽度宜在 1 米以内。育苗水体 15～30 米^3，池深 120～150 厘米为宜。池内角为弧形，池底设有排水孔，池底以 2%～3% 的坡度向排水孔倾斜。在排水孔外设置收集虾苗的水槽，槽底部应低于排水孔 20～30 厘米，槽大小为（100~120）厘米×100 厘米×80 厘米。集苗槽设有排水孔，与育苗池的排水孔径相等或稍大（图 3-5、图 3-6）。

图 3-5 室内对虾育苗池

图 3-6 育苗池剖面图

（6）饵料培养池 对虾幼体饵料生物有单细胞藻类和卤虫。培养单细胞藻类多用瓷砖池或水泥池。每口池面积 2~10 米²，池深80~100 厘米。其中，培养角毛藻、扁藻、新月菱形藻等种类的池底和距池底 20 厘米处各设 1 个排水孔；培养骨条藻的藻池在池底设排水孔即可。

孵化卤虫卵多用孵化桶（图 3-7），圆锥形，容积 0.5 米³，桶上部 2/3 部分为黑色的，不透光，下部 1/3 部分透光，底部中央设排水孔，有开关控制。

（7）亲虾越冬池 亲虾越冬方式因地区不同而不同。广东、广西、海南和福建南部可利用室外池越冬；浙江南部在保温条件较好的室内池越冬；江苏以北则需在有加温条件的室内池越冬。

室内越冬时要有保温性能好的温室、砖墙、双层窗户，室内光

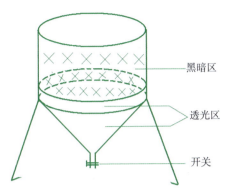

图 3-7　卤虫孵化桶

照度控制在 500～1 000 勒克斯。越冬池分成数口，每口池面积
20～50 米²，池深 1.2～1.5 米，以长条形为好，便于清除残饵和
粪便，池底最低处设有 10～15 厘米口径的排水孔。

（8）亲虾选育池　选育池的大小和数量根据育苗场的规模大小
而定，每口面积 100～500 米²，水泥底或沙质底，水深 150～200
厘米，结构与养成池相类似，有进排水设施、增氧设施和排污
设施。

（9）供水系统　包括水源、蓄水池、沉淀池、沙滤池、储水
池、水泵与管道、沙滤罐和泡沫分离器等。

①水源。在沙质底的海区埋设 PVC 管，直接抽取新鲜海水，
或者打井取地下海水。在海区埋设"T"形的 PVC 塑料水管，在
"T"形管上钻密度较大的小孔，以便滤水，然后用 120 目和 100
目的筛网包裹，埋入沙中 30～50 厘米。"T"形管长共 8～12 米，
"T"形每边长 4～6 米，在"T"形主水管上装上一阀栏，主水管
直接连接到抽水泵上。

②蓄水池。如无法直接抽取干净的海水，可建蓄水池，蓄水量
达 1 000～2 000 米³。

③沉淀池（图 3-8）。总蓄水量应占种苗生产用水量的 50%～
80%。为了保证每天供水，沉淀池应隔成 2～3 个，以便轮换使用，
沉淀池需加盖或搭棚遮光。

图3-8 沉淀池结构示意

④沙滤池。一般建于最高处,其大小应视海区水质状况及育苗用水量而定,以建两个为好,以便轮换使用。沙滤池的结构如图3-9所示,池的最上层为细沙,厚度一般60~80厘米。不能太薄也不能太厚,若细沙层太薄,则过滤的水不干净;若细沙层太厚,则水过滤太慢,不能满足用水的需要。中层为粒度较大的粗沙,是过渡层,厚度20~40厘米,下层为小石块(碎石层),厚度约20厘米。底层铺设水泥板(筛板),上面留有多个孔,便于滤出

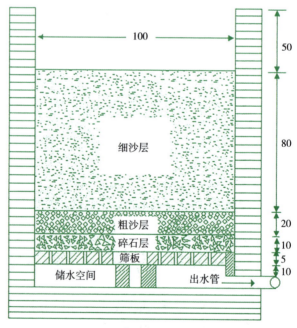

图3-9 沙滤池的结构(单位:厘米)

的水通过。

⑤储水池。储水池建在沙滤池的下方,高于其他池子。储水池的储水量应占育苗和培育亲虾总用水量的 30% 左右。水经沙滤后于储水池中储存使用。

⑥水泵与管道。水泵一般多使用自吸式离心水泵,选择时应参考对流量和扬程的要求。输水管道用 PVC 管或水泥管,禁用铅管、铜管、镀锌管和橡皮管,管的大小配合水泵选用。离心泵的扬程以叶轮中心线为基准,分为两部分。从水泵叶轮中心线至水源水面的垂直高度,即水泵能把水吸上来的高度,称为吸水扬程,简称吸程;从水泵叶轮中心线至出水池水面的垂直高度,即水泵能把水压上去的高度,称为压水扬程,简称压程。

⑦沙滤罐和泡沫分离器。为保证用水质量,部分苗场还有沙滤罐(图 3-10)和泡沫分离器(图 3-11)。

图 3-10 沙滤罐

(10) 充气设备 包括充气机、送气管道、散气石或散气管。

①充气机。多采用罗茨鼓风机或鲁式鼓风机,一般鼓风机应配备两台,以备轮换使用。

②送气管道。分为主管、分管及支管。主管连接鼓风机,常用口径为 12~18 厘米的硬质塑料管;分管口径 6~9 厘米,也为硬质塑料管;支管口径为 0.6~1.0 厘米,为塑料软管,下接散气石。

图 3-11 泡沫分离器

③散气石。一般长为 3～8 厘米、直径为 2～4 厘米，多采用 200～400 号金刚砂制成的砂轮气石。

（11）加温设施 目前对虾育苗主要使用锅炉加温，选用环保燃料。

北方育苗多用蒸汽锅炉加热，热气通过池内的管道使池水升温，加热管呈环形设置，管道以不锈钢管和钛管为好，若使用铸钢管，为防止管道生锈，需涂敷环氧树脂，并用玻璃纤维布包裹。加热管一般距离池壁、池底各 20 厘米。每池单独设置控制通气量的气阀，也可采用控温装置调控温度（图 3-12）。

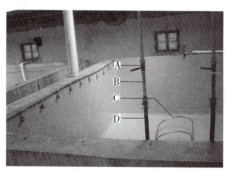

图 3-12 育苗池内加温设施
A. 热水流量控制开关 B. 镀锌管 C. 钛管 D. 塑料管

南方育苗目前多用热水锅炉（图 3-13）增温，其容量依育苗水体而定。送热水进池的水管和出池的回水管为镀锌管，装在池里的散热管为钛管或不锈钢管。每个池装有调节开关控制热水的流量。镀锌管和散热管之间用塑料软管连接。

图 3-13 热水锅炉

（12）供电设施　种苗培育场应安装有三相动力电，有相应的配电室。此外，为了防止无动力电供应，还应安装 1～2 台三相发电机，保证 24 小时的电力供应。发电机功率的大小依场中需电量来确定。

（13）育苗工具　育苗所用工具多种多样，有运送亲虾的帆布桶、饲养亲虾的暂养箱、供亲虾产卵孵化的网箱和网箱架、检查幼体的取样器、换水用的滤水网和虹吸管，还有塑料桶、水勺、抄网及清污用的板刷、竹扫帚等。育苗工具并非新的都比旧的好，新的未经处理，有时反而有害，尤其是木制用品（如网箱架）和橡胶用品（橡皮管），如在使用之前不经过长时间浸泡就会对幼体产生毒害。

二、育苗用水的处理

育苗用水的好坏直接影响对虾育苗的成败，从自然海区抽上来的水要经过严格、全面的处理方能满足生产的需要。一般育苗场对水质的基本处理流程见图 3-14。

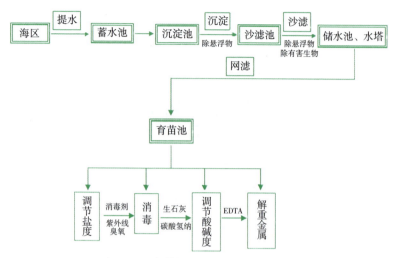

图 3-14　育苗场对水质的基本处理流程

1. 沉淀和沙滤

海水经 24～48 小时沉淀后即可使用，经沉淀的海水通过沙滤池（图 3-15）后，能滤掉海水中的绝大部分生物和悬浮物，可较好地防除育苗生产中的生物敌害。沙滤池最好每使用 2～3 个月清洗 1 次，将细沙搬出，洗去泥浆，再装入沙滤池中，消毒后再使用。

图 3-15　沙　滤

2. 网滤

在育苗池的入水口处用 200 目以上的尼龙筛绢网或 5 微米的过

滤袋过滤后再入池。过滤袋使用后要及时清洗干净，以免影响滤水的速度和袋中生物的残骸污染池水（图 3-16）。

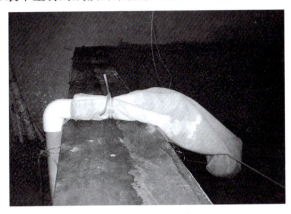

图 3-16 网 滤

3. 调节盐度

海水盐度最好在 25～32，日突变盐度差一般不要超过 3。所以，在海水盐度满足不了上述条件时，应进行调整。有时也与亲虾原生存环境的盐度有关，亲虾来自高盐度海区，则育苗时盐度也要相应高一些；反之，其幼体也较耐低盐环境。

高盐度海水可通过加淡水而降低盐度。其加淡水量可由以下公式计算：

$$\frac{V_1(淡水体积)}{V_2(海水体积)} = \frac{S_1(原海水盐度) - S_2(要求海水盐度)}{S_1(原海水盐度)}$$

同样，低盐度海区，需加卤水或食盐来提高海水的盐度。卤水以尚未结晶出盐、波美度为 15～22 的较好。如果盐度差在 5 以内，也可用食盐调整。其加盐量可由下式计算：

$$S(每立方米海水需盐量，千克) = S_2(要求盐度) - S_1(原海水盐度)$$

4. 水体消毒

通过对海水消毒灭菌，可杀灭水体中的病原，从而有效降低疾病的发生率。水体消毒可用紫外线消毒、臭氧消毒、药物消毒等方法。

（1）紫外线消毒　常用的紫外线灯为低压水银蒸汽灯，这种紫外线灯所发出的紫外线波长 85% 集中在 253.7 纳米左右，与消毒最佳波长（图 3-17）接近。目前，紫外线消毒装置一般设计为悬挂式（图 3-18）和浸入式（图 3-19）两种。

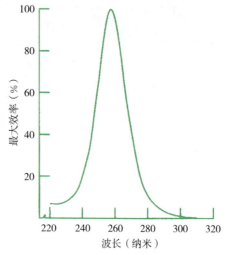

图 3-17　紫外线消毒效率与波长的关系

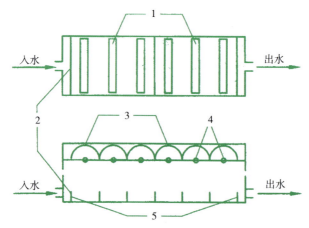

图 3-18　有反光罩的悬挂式紫外线消毒装置
1. 紫外线灯　2. 布水装置　3. 反射罩　4. 灯　5. 挡板

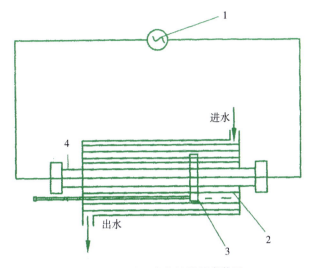

图 3-19 浸入式紫外线消毒装置
1. 电源 2. 石英管 3. 清洁器 4. 紫外线灯

悬挂式紫外线消毒装置是将紫外线灯管通过支架悬挂于水槽上面，一般灯管距水面及灯管间距均为 15 厘米左右，灯管上面加反光罩，槽内水流量为 0.3～0.9 米³/时，在槽内垂直水流方向设挡水板，使水产生湍流而得到均匀的照射消毒。浸入式紫外线消毒装置是将灯管浸在水中，通过照射灯管周围的水流而消毒。

（2）臭氧消毒 臭氧处理技术是当前一种先进的净化水的技术。臭氧的产物无毒，可使水中含有饱和溶解氧；可杀死细菌、病毒和原生动物；可以除去水中有毒的氨和硫化氢，净化育苗和养殖水质。一般要求在 1～30 分钟内臭氧在水体中的残留浓度保持在 0.1～0.2 毫克/升，即能保证消毒效果。

臭氧（O_3）是氧气（O_2）的三价同素异构体，在常温下是一种不稳定的淡蓝色气体，有特殊的刺激味，故而得名。臭氧在水中时刻发生还原反应，产生中间物质单原子氧（O）和氢氧根离子（OH^-），单原子氧（O）的氧化能力极强，其氧化还原电位为 2.07 伏，高于氯（1.36 伏）、二氧化氯（1.50 伏）和过氧化氢

（1.98伏），仅次于现已知最强的氧化剂氟（2.80伏）。

臭氧处理水是通过臭氧发生器（图3-20）产生臭氧，通入水中处理一段时间后或经专门臭氧处理塔处理，把处理水通过活性炭除去余下的臭氧后，再通入育苗池。

图3-20 臭氧发生器

（3）药物消毒 常用的消毒药物有含氯制剂、甲醛、高锰酸钾等，其使用情况如表3-1所示。

表3-1 处理育苗用水的常用消毒药物

常用药物种类	使用量	使用效果	注意事项
含氯制剂（次氯酸钠、漂白粉、漂白精）	使水体有效氯浓度达到10～20毫克/升	能杀死大多数细菌和有害生物	药物使用后，幼体须经试水，确定无毒可用时方可进行幼体培育
甲醛溶液（福尔马林）	20～30毫升/米³	处理育苗用水24小时后，曝气2天，可杀灭部分原生动物和细菌，并可起到净化水质的作用	
高锰酸钾	10克/米³	对细菌、真菌和原生动物具有较好的杀灭作用	

5. 调节酸碱度

对虾育苗要求海水的pH为7.8～8.4。当pH在7.8以下时，要用生石灰调节，加生石灰的量视 pH 而定。生石灰一般用量为 10～20 克/米³。pH 过高可用盐酸、碳酸氢钠等来调节。

6. 解重金属

即络合重金属离子。对虾的卵和幼体对多种重金属离子都很敏感，尤其是汞、锌、铜等离子超量时，可使卵子不孵化或幼体死亡，其安全浓度见表 3-2。

表 3-2 常见重金属离子对对虾无节幼体的毒性（克/米³）

金属种类	半致死浓度			安全浓度	
	24 小时	48 小时	96 小时	(1)	(2)
汞 Hg	0.058	0.009 5	0.009	0.000 8	0.000 9
铜 Cu	0.044 5	0.036	0.034	0.007	0.003 4
锌 Zn	0.645	0.340	0.047	0.03	
铅 Pb	1.68	0.93	0.50	0.085	0.05
镉 Cd	1.60	0.48	0.078	0.014	0.008
银 Ag	0.064	0.053	0.053	0.011	0.005 3

注：2 个安全浓度由不同计算方式得出。

当这些重金属离子超标时，可使用螯合剂螯合过多的离子。最常用的是乙二胺四乙酸二钠（EDTA-2Na），视水中重金属离子含量的多少，使用浓度为 2～10 克/米³。该物对于亲虾的安全浓度是 35 克/米³。

三、亲虾培育

1. 亲虾的来源和质量要求

用于人工繁殖的亲虾来源有海捕的亲虾和通过人工养殖培育的越冬亲虾。亲虾尽量挑选个大、体壮、健康、活力强、体表光洁的个体。除此以外，还需对亲虾抽样进行 PCR 检测，携带病毒的个体不能作亲虾使用。

2. 亲虾的越冬培育

将挑选出的亲虾个体按雌雄比 1：（1～1.2）的比例放入越冬池进行培育，在入池之前应进行药浴（用 10 克/米³ 的高锰酸钾对入池的所有亲虾进行 3～5 分钟药浴）。入池时越冬池水与原池水温差不能大于 2℃，盐度差不能大于 3，亲虾不能有外伤，越冬池水深 70～100 厘米。

亲虾越冬培育过程中应注重各种管理措施，并保持相关指标正常（表 3-3）。

表 3-3　亲虾越冬培育过程中的管理要点

管理措施	具体指标
控制温度	保持稳定，具体视各品种生态习性及实际条件
调节盐度	25～32
增加溶解氧	使用增氧设备，保持溶解氧≥5 毫克/升
饲料投喂	投喂蛋白质含量大于 35% 的人工配合饲料或鲜活饵料（以沙蚕和牡蛎为主），日投喂量占亲虾体重的 5% 左右，每天投饵 4 次，每次投饵时根据池中残饵量调整投饵量
水质控制	通过吸污、换水、使用有益微生物制剂（芽孢杆菌、光合细菌、乳酸菌等）调控水质
病害防治	使用消毒剂进行水体消毒；拌料投喂大蒜、中草药等；及时拣出病虾、死虾

3. 亲虾的促熟培育

用镊烫法切除对虾单侧眼柄，促进对虾性腺发育，然后按照合适的密度、加强营养、控制环境进行培育（表 3-4）。

（1）操作方法

①准备工作：镊子 2 把，酒精喷灯 1 盏（没有时可用酒精灯或煤气炉代替），捞网 1 把。

②预先把培育池中的水温调至与暂养水温相一致，然后施浓度为 1～2 毫克/升的土霉素，以预防手术后细菌感染亲虾。

③具体操作：需 2～3 人，其中一人用酒精喷灯烧红镊子，一

人负责捉拿亲虾，另一人用烧红的镊子烫亲虾左侧眼柄，将眼柄烫至扁焦即可。之后轻轻地将其放回培育池中。

（2）注意事项

①捉虾时动作要轻、稳，不要让亲虾弹跳。

②镊烫眼柄时要认准 X-器官窦腺的位置，把它烫至扁焦。

③刚蜕壳的虾不能做手术，否则会引起死亡。

表 3-4　对虾促熟培育管理要点

管理措施	具体指标
控制密度	8～15 尾/米²
饵料投喂	投喂富含蛋白质和磷脂的食物，一般投喂沙蚕、贝肉、乌贼肉、蟹肉等，保证数量，环境适宜时日摄食量可达体重的 18%以上
控制水温	27～30℃
控制光照	500～3 000 勒克斯
控制盐度	25 以上

4. 对虾交配

（1）亲虾的挑选　南美白对虾为开放型纳精囊种类，在亲虾催熟时，切除单侧眼柄的亲虾，经 3～7 天培育后，性腺逐渐发育成熟。性腺成熟的雌虾，从背面观，卵巢饱满，呈橘红色或橘黄色，质地结实，前叶伸至胃区，略呈"V"形。此时，每天 14：00—15：00，把性腺成熟的雌虾挑选出来，移至雄虾培育池中交配。交配池中，要求白天光照度 500～1 000 勒克斯。夜晚打开交配池上方的日光灯照射，一般 40 瓦的日光灯每 10 米² 1 盏，光照度控制在 20～250 勒克斯。

（2）注意事项

①在亲虾交配期间不要惊扰亲虾，以免影响其交配活动。

②亲虾交配时要配备足够的成熟雄虾，雌、雄比例应保持 1：5 左右。

③池水深度最好保持在 50～70 厘米。水太浅不利于亲虾的追逐，影响交配。

④及时转移已交配的雌虾。交配期间检查 2 次，通常在 19：30

和 23：30 进行检查，发现交配的雌虾要及时转移到产卵池。

5. 精荚移植

用消毒后的镊子将未交配的雌虾纳精囊外壳分开，把成对的或单个精荚移入纳精囊内即可。

（1）亲体的选择　选择没有交配、蜕壳之后壳尚未完全硬化（刚蜕壳虾不宜进行）的亲虾进行精荚移植。也可以在性腺进入大生长中期至产卵前 3 天内进行。尽量选精荚大的雄虾，用于取精荚的雄虾应是成熟的，其体外可以看到第五对步足上方的精荚囊内有一乳白色精荚。

（2）取精荚的方法　常规的几种方法为：解剖法、挤压法、拉取法、吸取法、电刺法。各自的操作和特点如表 3-5 所示。

表 3-5　取精荚的几种方法

方法	操作方式	特点
解剖法	将雄虾头胸部与腹部分离，切断储精囊与生殖孔的联系，轻轻压挤储精囊，精荚即可暴露。用镊子夹在精荚的豆状体与扇状体相连处取出精荚	此法使雄虾死亡，取精荚快速，不易损坏精荚。雄虾充足时多用此法
挤压法	在雄虾第五对步足基部，用大拇指及食指挤压数次，精荚会自生殖孔排出，再用夹子将整个精荚夹出	此法要求有一定经验才能完成
拉取法	将镊子由生殖孔插入储精囊，伸向后部，夹住精荚轻轻拉出	此法对储精囊毫无损伤，雄虾可多次使用
吸取法	用细管插入生殖孔内，用口或连接注射器，将精荚吸出	若管子大小不适合易使精荚破碎
电刺法	用 5～7.5 伏电压连续脉冲刺激肌肉，使精荚被挤出	此法操作复杂，易损伤雄虾

四、产卵与孵化

1. 产卵

（1）产卵池准备　洗池—消毒—加水—处理水（加温、消毒、调节盐度等，尽量保持与亲虾池一致）—调节气量（使水面呈微波状）。

（2）移放产卵亲虾 用捞网轻轻捞出已交配雌虾，用浓度为200毫升/米^3 的福尔马林浸泡1分钟，冲洗干净后放入产卵池中，放养密度以4～6尾/米^3 为宜。

（3）产卵后的处理 产卵后，及时捞出亲虾，放回原培育池中继续培育。然后将产卵池中的污物清除。若产卵池水中卵的密度超过 50×10^4 粒/米^3，要换水洗卵，换水量3/4以上，加入的新鲜海水尽量与原池的水保持同温度、同盐度，同时加入乙二胺四乙酸二钠（EDTA-2Na）；若池中卵的密度小于 50×10^4 粒/米^3，可酌情换水。

2. 孵化

见图 3-21。

图 3-21 虾苗孵化

（1）孵化密度 卵的孵化密度不宜太高，一般为（30～80）$\times 10^4$ 粒/米^3。也有将卵收集在专门的孵化桶内，高密度孵化，孵化密度 $8\,000 \times 10^4$ 粒/米^3，孵化率可达90%。

（2）充气量 在孵化过程中水中溶解氧应达5～6毫克/升，一般要求孵化池中布气石1个/米^2，充气，使水呈微波状。

（3）孵化管理 孵化期间保持适宜水温（28～30℃）。每1～2小时用搅卵器搅动池水1次，将沉于池底的卵轻轻翻动起来。在孵化过程中及时把脏物用网捞出，并检查胚胎发育情况。

3. 无节幼体的收集与计数

（1）无节幼体的收集　幼体全部孵出后，用 200 目的排水器排出 2/3 左右的水，使池水深度为 40～60 厘米，在集幼体槽中用 200 目的网箱收集幼体，除去脏物，移入 0.5 米³ 的幼体桶中，微充气。

（2）无节幼体的取样计数　取样前加大充气量，幼体分布均匀后即用 50 毫升的取样杯在幼体桶中取样计数，按下式计算幼体数量。

$$幼体总数＝取样幼体数×10^4 尾$$

五、幼体培育

1. 幼体培育方式和流程

幼体培育即我们平常讲的育苗。目前，我国主要采取室内和室外两种育苗方式。

（1）室内育苗　是工厂化育苗的基础，也是我国目前育苗的主要方式。这种方法的优点是培苗环境稳定，成活率也较稳定，病害易于控制；缺点是池水氧化能力差，若水质控制不好，会造成虾苗参差不齐，育苗成本相对较高。

（2）室外育苗　水泥池基本结构与室内池大致相同，设置有充气设备和升温设施，有棚架，有透光的塑料瓦或布遮挡过强的直射光。由于露天光照较强，水温较难控制。

室外水泥池育苗是南方进行对虾育苗的主要方式之一。优点是幼体发育快、整齐、病害少等。同时，培育出的虾苗对外界环境变化的适应能力强，深得养殖户喜爱。缺点是微藻的生长过于旺盛，死亡的藻体容易败坏水质。

幼体培育的流程主要包括生产前的准备工作和生产过程的管理操作（图 3 - 22）。

2. 准备工作

主要包括车间消毒处理、育苗用水处理和生物饵料培养。

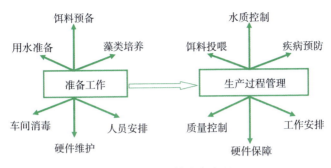

图 3-22 幼体培育流程

（1）车间消毒处理 先对育苗池进行彻底消毒，各类水泥池在使用前，均用 $100\sim200$ 克/米³ 的高锰酸钾消毒。对新建的水泥池在正式使用前要用淡水或海水浸泡、冲洗，使 pH 稳定在 8.5 以内，浸泡期一般为 1 个月以上。来不及浸泡的，可在池壁干后直接喷涂快干、无毒的水产专用涂料。经喷涂的育苗池 $3\sim5$ 天即可投入使用。

（2）育苗用水处理 育苗用水要经过沉淀、沙滤、网滤、消毒等处理。

（3）生物饵料培养 包括植物性饵料培养和动物性饵料培养。

①植物性饵料培养。单细胞藻类培养（图 3-23）。常见种类为骨条藻、菱形藻、三角褐指藻、牟氏角毛藻、扁藻、金藻。培养过程应注意保证充足的光源、增温条件和不间断充气。

②动物性饵料培养。

a. 轮虫、枝角类的培养。利用鲜酵母培养的轮虫，其不饱和脂肪酸含量低，使用前应进行强化培育，即投入富含不饱和脂肪酸的绿藻，或鱼油（或鱼肝油）拌酵母投喂 2 天。

b. 丰年虫（卤虫）卵的孵化。丰年虫卵孵化出的无节幼体主要用于对虾的糠虾幼体期和仔虾期。其孵化和收集的注意事项：海水盐度 $28\sim30$，温度 $27\sim30$℃，孵化时间 $18\sim24$ 小时，孵化过程保持连续充气。

收集起来的卤虫幼体充分洗涤后，最好用 100 毫升/米³ 的福尔马林消毒 5～10 分钟，然后再投喂。

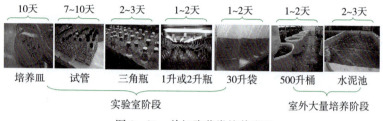

10天	7~10天	2~3天	1~2天	1~2天	1~2天	2~3天
培养皿	试管	三角瓶	1升或2升瓶	30升袋	500升桶	水泥池

实验室阶段 　　　　　　　　　　　　　　　　室外大量培养阶段

图 3-23　单细胞藻类培养流程

3. 幼体培育

育苗是把南美白对虾由无节幼体培育至仔虾的过程，如图 3-24 所示。

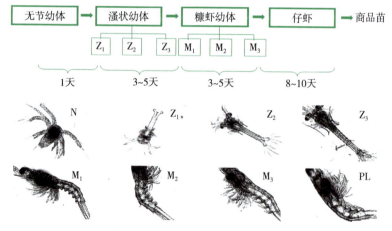

无节幼体 → 潘状幼体 → 糠虾幼体 → 仔虾 → 商品苗

Z_1　Z_2　Z_3　　M_1　M_2　M_3

1天　　　　3~5天　　　　3~5天　　　　8~10天

N　　　Z_1　　　Z_2　　　Z_3

M_1　　　M_2　　　M_3　　　PL

图 3-24　南美白对虾幼体变化过程

（1）无节幼体放养

①质量要求。要求所培育对虾的无节幼体附肢划动有力、趋光性强、体表干净、附肢刚毛整齐不畸形、不带病原微生物。

②培育密度。南美白对虾无节幼体的培育密度为（10～20）× 10^4 尾/米^3。

③入池操作。先将幼体倒入塑料桶或盆中静置 5～10 分钟，让幼体上浮，污物沉入底部，然后将幼体轻轻移入手抄网（200 目筛

绢）中，滤去原来的水，放在 200 毫升/升福尔马林或 20 毫升/升聚维酮碘溶液中浸泡 30~60 秒，再用育苗池中干净海水冲洗几遍，移入池中。

④幼体计数。用 100 毫升烧杯，在育苗池中进行多点抽样、计数，取平均值，最后可得到池中幼体的量。

⑤培育管理。无节幼体不摄食，不需投饵。保持微弱充气，水温按不同的种类要求而定，光照度 200 勒克斯以下。

（2）培育管理环境控制

①水温控制。南美白对虾幼体发育的适宜水温范围为 28~32℃。最适水温随着对虾的发育而逐渐升高，在仔虾（P）的中后期，可根据养殖时的水温而渐变。在适温范围内，温度越高，幼体发育越快，因此也可采用适温上限来培育虾苗。

②充氧。溶解氧 5 毫克/升以上。溞状幼体期充气呈微波状，糠虾幼体期充气呈沸腾状，仔虾期充气呈强沸腾状。

③pH 调控。7.8~8.4。

④盐度调控。仔虾 P5 前的盐度一般控制在 25~35。仔虾 P5 以后可适当调整盐度。

⑤饵料投喂（图 3-25）。在育苗过程中要多投生物活饵料，这样既有利于对虾生长，又有利于水质污染的控制。投饵量要根据幼体实际摄食情况和水质情况及时调整，做到既充足，又不会有过

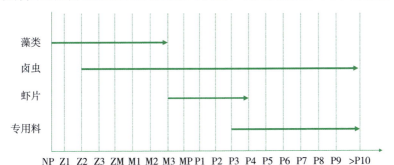

图 3-25　某虾苗场培育南美白对虾苗的饵料投喂结构

多浪费。

⑥水质管理。主要采取换水、排污、充气的方法保护和改善水质。换水是改善水质有效而经济的方法。幼体培育早期，活动能力差，易贴网致伤，多采取添水的方法改善水质，中、后期随着池水污染加重，换水量逐渐增大，到仔虾期，日换水量常达100％，甚至改为流水培育。排污主要通过定期吸污或者倒池来进行。另外，要控制幼体培育密度，科学投饵，防止水质败坏。

各种换水方法的原理和特点见表3-6，各种换水方法示意见图3-26。

表3-6　各种换水方法的原理和特点

换水方法	原理	特点
网箱虹吸换水法	把换水网箱漂于水面，用虹吸管排水	是最常用的排水方法，此法简便，只是管内装水较困难，吸水口有时贴到网上使局部吸力过大将幼体吸到网上
压力换水法	排水时只要把网箱放到水中便自动排水，排毕将网箱吊出水面	装设时费事，使用时方便
自流水法	在池内设有滤水筒，排水管接在水位线的排水口上，超过水位线就自动排出	缓慢换水既不会造成幼体贴网致死，又保持了一个稳定的水环境，克服了前面两种方法所造成的水质和水温骤变对虾不利的问题
联通制位换水法	槽中心底部排水口上连接一个滤水网，排水管接一控水位旋转管或橡胶软管	既可自流换水，又可定时换水

（3）日常检测

①幼体数量的测定。对虾育苗中幼体数量每天减少1％～2％属于正常情况，如果减少超过10％，则说明有严重疾病存在，应仔细查明数量减少原因。

②幼体健康状况观察。将幼体装入烧杯中对光观察（图3-27）活力、体色、肠胃、拖便情况，或者将幼体置于显微镜下仔细检查腹肢、眼柄等部位。

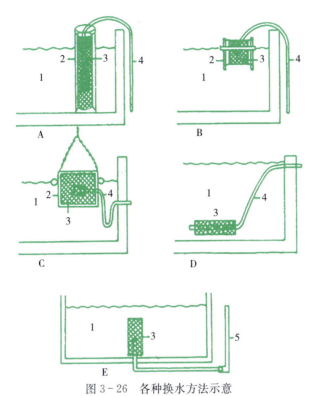

图 3 - 26　各种换水方法示意

A、B. 网箱虹吸换水法　C. 压力换水法　D. 自流水法　E. 联通制位换水法
1. 池水　2. 网框　3. 滤水网　4. 水管　5. 控水位旋转管

（王克行，1997）

③水环境指标检测。正常情况下每天测定池水盐度、酸碱度、化学耗氧量（COD）、生物耗氧量（BOD）、氨氮、亚硝酸盐、硫化氢等理化指标。另外，要定期测定水中浮游生物的种类和数量，以及弧菌的数量。图 3 - 28 为某育苗场的水质检测室。

④病害防治。整个育苗期间要及时对育苗用水进行过滤、消毒处理。

（4）幼体检疫　经检疫部门检疫合格，为无特定病原（SPF）的健康幼体，方可销售（图 3 - 29）。

图 3-27   观察幼体健康状况

图 3-28   水质检测室

图 3-29   病毒检验仪器

六、虾苗的收获和运输

1. 出池

南美白对虾体长达到 0.8～1.0 厘米，方可出池。如图 3-30 所示，先用虹吸法将育苗池的池水排出大部分，降低水位。待池水的水位降至 30～40 厘米，用集苗箱挂 60 目的筛绢网，放在池的排水口处，将排水口的开关打开收集虾苗（图 3-31）。

图 3-30 虹吸法排水

图 3-31 收集虾苗

当集苗网箱内的虾苗达到一定密度时，就要用手抄网把虾苗捞出，移到出苗桶（图 3-32）中，充气。出苗桶中的虾苗密度不宜过大，以每桶（容积 0.5 米³）不超过 10×10^5 尾苗为好。若出苗时水温和气温过高，可用冰块适当降温。

图 3-32　出苗桶

2. 计数

虾苗的计数有重量法、容量法和干量法 3 种。在这 3 种方法中，干量法误差较小，是目前南方计数虾苗最常用的方法。重量法是称取一定重量的虾苗，计算出个体数量，然后再称出所有虾苗的总重量，从而得出虾苗的总数量。容量法是将虾苗集中于已知水容量的玻璃缸内或塑料桶内，充分搅匀后随机取样 3 次计算，求得样品的虾量，从而计算出虾苗总量。干量法是用一个能滤水的量苗杯，每袋装苗 1～2 杯，然后抽出 1～2 袋虾苗计数，算出每袋虾苗的数量，再求总数（图 3-33）。

图 3-33　干量法计数

3. 运输

影响成活率最关键因素是运输中水体中的溶解氧能否满足虾苗的需要。因此，装运虾苗的密度大小是运输虾苗成败的首要因素。另外，运输过程中水温升高会引起虾苗蜕皮进而导致相互残杀，因此打包装箱（图3-34）时应根据运输距离远近进行合理的降温。

虾苗运输可采用陆运、水运和空运。目前，我国陆运虾苗运输容器以帆布和塑料袋较方便，南方绝大多数采用塑料袋充氧运输，一般采用汽车装载的方法（图3-35）。装苗密度视虾苗大小、运输时间长短和水温高低而定。

图3-34 虾苗打包装箱

图3-35 虾苗包装运输

第二节 南美白对虾养殖模式与技术

当前，我国对虾养殖技术模式很多，可根据养殖管理方式、水质条件和气候条件进行划分。根据养殖生产的集约化程度可分为半集约化和集约化养殖模式；根据水质条件可分为海水养殖、河口低盐度淡化养殖及淡水养殖模式；以气候调控还可划分为露天养殖和越冬棚养殖模式。近年来，根据各养殖主产区的气候特点和实际情况，还发展了小面积温棚养殖、盐碱池塘养殖、工厂化全封闭循环水养殖、工程化零换水养殖等多种养殖模式。生产中须根据不同地区的自然条件、技术水平和经济实力等具体情况，因地制宜地选用适合当地实际的养殖生产模式。本节将综合当前对虾养殖主产区所采用的一些主要模式进行介绍，以供参考。

一、高位池养殖模式与技术

高位池养虾是一种投入大、效益高的养殖模式，其所需条件较为严苛，需要有良好的水源、土地及靠近海边。此模式放养密度大、产量高，但风险也较大，因此虾场的选址、建场、放苗等都要进行认真研究，并请专家论证。

1. 场地的选择与建设

虾场选址要依据养殖对虾的习性和要求来进行周密的调查和勘测，因地制宜，请专家和有经验的养殖从业者进行论证，要根据地形合理布局。

要取得当地政府同意，选择安全可靠、海水清澈、无工农业污染、进排水方便、有电源供应、交通方便、有淡水水源的地区建场，不要在红树林区附近建场。虾池进排水闸要分开，出水口要便于排干池水和清塘除害。

池水循环要快（增氧机的布局）。每个虾塘面积以 1～2 亩为宜，不要超过 5 亩。池塘形状宜为方形圆角。要建筑池塘护坡，便于清除投饵区的废物。护坡材料有复合红土、复合黏土、聚氯乙烯（PVC）、聚乙烯（PE）和高密度聚乙烯等，可根据情况选择。

池堤坡度为 1.0：（1.0～1.5），池深为 2.0～3.0 米，水深为 1.5～2.0 米。根据养殖面积和日换水率，配置引水 PVC 塑管，通过地下引水管从海区引水修建蓄水池。建 2 米×3 米的蓄水池，用水时由水泵抽水上灌渠，再由灌渠自流到虾池，每亩配备 1.5 千瓦增氧机 2～3 台，同时搭配底部增氧盘 6～12 个。沙质底的虾池需用塑料膜包底，以防池水渗漏。

2. 池塘设计

虾塘小便于管理，池塘要高出海平面 4～6 米。

（1）供水系统　通常会在离海边 1 千米处设置沙滤井，用水泵将水抽入虾池。水泵要安装在合适位置，使蓄水池能在 4～5 小时内进满水。在水泵口的进水渠安装一个筛网，以防止进水管被阻塞。

（2）蓄水池　应占养殖总面积的 30% 左右，以保证充足的水供应。蓄水池必须有出水口，以保证能完全排干池水。

（3）进水渠　使蓄水池抽入的水能通过进水渠自流入池。进水渠大小取决于虾塘大小。

（4）池塘形状　有长方形、正方形或圆形 3 种。方形池的四角做成弧形，以便于池塘中水的循环。

（5）进、排水闸　进、排水闸要分开。闸门宽一般为 0.8～1.2 米。排水口的位置必须在池塘的最低点。从进水口到出水口的斜度为 1：200，以便在收虾时可以完全排干水。闸门建在池塘的一端，设置双层网。养殖初期用细目网，后期用大目网。

（6）中央排水　包括水平排列在池塘中央的有孔的 PVC 管。这些管集中到一起再连接出水口。养殖前将细网目筛网覆盖在排水口上。当对虾体型大于管孔时再撤去筛网。此法的优点是在养殖期间可以较好地排污和清理池塘的底部。

增氧机在增氧的同时搅动水体，使池塘水体形成圆圈状水流，在离心力的作用下，池塘底部的残饵粪便以及老化死亡的藻类会聚集在池塘中心，便于排污。现有的排污方法一般为修筑一条水平面低于高位池池底的排污通道，用一条 PVC 管将排污通道与高位池池底相连，在排污通道口的 PVC 管一端，插入一条竖直的水管或系有绳子的铁球，方便拉起排污。

（7）排水渠和沉淀池 虾池的排水管要比虾池的最低点低，以保证通过重力作用排干池水。废水在泵入蓄水池或是排放到虾塘外之前必须先排入沉淀池。沉淀池的面积占养殖面积的 5%～10%，池要深，以沉淀一些特定废物。在沉淀池中设置一些细网目筛网或是用塑料板制成的挡板，通过木桩插入池底，促进废物沉淀，这些废物须定期清除并排放到排放区。在沉淀池后面再设置生物净化池，使用微生物制剂及种植水生植物，吸收净化尾水中的氮磷等有机污染物。

3. 高位池养殖模式的特点

自 20 世纪 90 年代后期以来，高位池养殖模式成为我国发展较快的一种重要的对虾养殖模式，常见于广东、海南、福建、广西等对虾养殖主产区。该模式具有高投入、高风险和高回报的"三高"特点，尤其需要注意配套设备的正常运转和养殖管理、技术措施的落实到位（图 3-36）。

所谓高位池，指的是养殖池塘建在高潮线以上，有利于池塘内的水彻底排出，养殖用水采用机械提水方式，大大降低了潮汐对进排水的影响。根据池塘的底质特点可细分为铺膜池、水泥护坡沙底池、水泥池等 3 种类型，目前以铺膜池较为常见。

高位池养殖集约化程度高、易于排污、便于管理，整个养殖系统包括养殖池塘、沙滤式进水系统、蓄水消毒池、标粗池、高强度增氧系统、中央排污系统、独立进排水系统等一系列设施。根据水流方向，沙滤式进水系统由沙滤管、沙滤井、引水管、蓄水消毒池等组成（图 3-37）。把经钻孔或包埋处理的抽水管深埋于沙滩内，把进水口端延伸至海区的低潮线以下，在进水管与抽水泵相连处设

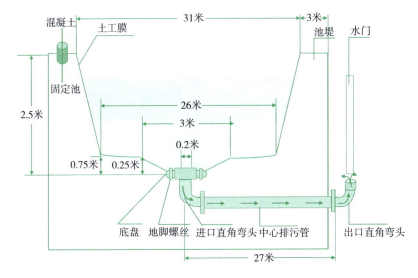

小高位池单池面积810米²，最大蓄水量1 800米³。

图3-36 高位池规划图

置沙滤芯井，抽水时利用沙滩的沙滤作用对抽取水源进行初级过滤，提高水源质量。从沙滤井抽出的水源进行二级沙滤后引入养殖池，也可直接引入蓄水消毒池中，对水源进行集中消毒处理，然后再将水源引入各养殖池内（图3-38）。

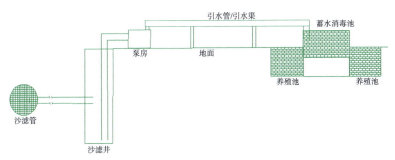

图3-37 沙滤式进水系统示意

图 3 - 38　消毒蓄水池

高位池的中央排污系统由池底的排污管、外排管、排水井组成（图 3 - 39）。中央排污管设置在池塘底部中央，多为 PVC 管或铁管，根据池塘面积设置 6～12 根，各排污管呈中央放射状排列，一般相邻排污管间夹角为 30°～60°。池底污物经排污管聚集后，由埋于池塘底部的外排管汇聚到池外的排水井。排污时通过池外排污控制管进行调节。中央排污管的管体上具有直径小于 1 厘米的圆孔，污染物通过圆孔进入排污管。中央排污管的管径大小根据池塘面积和排污管数量确定。

图 3 - 39　中央排污系统（左）及排水井（右）

养殖过程的水质环境主要依靠人工调控，科学运用菌-藻平衡调控技术可起到优化水质、促进养殖对虾健康生长的效果。通过定期施用芽孢杆菌、光合细菌、乳酸菌、EM 复合菌等有益菌制剂，构建优良菌相，抑制病原微生物的滋长，并及时降解残余饲料、对虾排泄物、浮游动植物残体及有机碎屑等养殖代谢产物，大幅减少自源性污染。不定期使用微藻营养素和理化调节剂，促进水中微藻形成优良、稳定的"水色"和合适的透明度，为对虾健康生长提供良好的生态环境。

高位池的对虾放养密度较大，根据多次收捕或一次性收获等不同收获方式的需求，放苗密度可达到 20 万～50 万尾/亩，在实际生产中应根据养殖设施、管理水平等客观条件确定放苗密度。实施科学的管理，一般高位池对虾养殖的单产可达 1 500～5 000 千克/亩。

4. 高位池的类型

（1）铺膜池（图 3 - 40） 选择相对密度小、延伸性强、变形能力好、耐腐蚀、耐低温、抗冻性能好的土工膜，覆盖铺设养殖池塘的堤坝、池壁、池底。铺膜池的优点是易于清理、延缓池塘老化，而且很大程度上减轻了养殖区土质对养殖生产的影响。在池底铺设土工膜，加之配套中央排污系统，有利于养殖过程中集中池内的养殖代谢产物并排出池外，还有利于对虾收成后对池塘进行彻底的清洗、消毒。一般用高压水枪就可轻易将黏附于膜上的污物清除，再加上一定时间的暴晒和带水消毒即可把池塘清理干净，以及时进行下一茬对虾养殖。因此，铺膜池养殖对延长虾池的使用寿

图 3 - 40 铺膜池

命、在养殖中实施有效的底质和水质管理具有良好的促进作用。目前所用的土工膜有进口的也有国产的，价格在3～10元/米²，使用寿命为三五年到十几年不等。在选择土工膜时除关注价格成本外，尤其应特别注意土工膜的质量，最好能选择质量有保障的名牌产品，以避免因质量问题造成土工膜破裂，导致池塘渗漏，或因土工膜使用寿命短，造成二次投资。

李卓佳等（2005）研究发现，用铺膜池养殖南美白对虾，有利于促进对虾生长。当养殖时间大于90天时，铺膜池中的对虾平均体长、平均体重、平均肥满度均显著优于沙底高位池（$P<0.05$）；但养殖时间小于60天时，不同底质的高位池对南美白对虾的生长无明显影响（$P>0.05$）（表3-7）。这主要是因为沙底的细沙颗粒体积小，比表面积大，容易吸附有机碎屑和一些病原微生物，养殖代谢产物不易排出，到了养殖后期，池底污物积累过多致使对虾的底栖环境逐渐恶化，对虾因环境胁迫变得生长缓慢。所以，在养殖时要注意及时清污和科学管理，避免对虾底栖环境恶化影响其生长。

表3-7 不同养殖池对虾的体长体重对比

养殖时间（天）	沙底池			铺膜池		
	平均体长（厘米）	平均体重（克）	平均肥满度（克/厘米）	平均体长（厘米）	平均体重（克）	平均肥满度（克/厘米）
30	4.1	1.05	0.255	4.3	1.23	0.287
60	5.9	2.67	0.448	6.5	3.57	0.543
90	8.2	7.61	0.923	9.3	10.63	1.143
100	9.5	11.33	1.192	9.9	12.63	1.277

（2）水泥护坡沙底池（图3-41） 养殖池以水泥、沙石浇灌或用砖砌后再以水泥建筑池堤和池壁，以细沙铺底。该种类型高位池的优点是池堤和池壁比较坚固，对大风和暴雨的抵抗能力较强，还可为喜潜沙性的对虾提供良好的底栖环境。缺点是建筑成本相对较高；池塘经受日晒、雨淋、水体压力的影响，在使用几年后水泥

护坡可能会出现裂缝，引起水体渗漏；沙底清洁困难，养殖过程产生的残余饲料、对虾排泄物、生物残体、有机碎屑等容易沉积于池底不易清除，造成底质环境不断恶化。

图 3-41　水泥护坡沙底池

针对上述缺点，可采取以下几点措施进行处理。第一，在放苗前仔细检查池堤、池壁，发现有裂缝及时用沥青或水泥进行修补。第二，对池底进行彻底清理，将沉积于细沙中的有机物清理干净，若池塘经过多茬养殖，沙底无法彻底清洗干净，可去除表层发黑细沙，换上新沙。第三，在放苗前对底质进行翻耕、暴晒、消毒，清除沙底中的有机物或病原生物，养殖过程中定期使用有益菌制剂和底质改良剂净化池底环境，减少养殖代谢产物的积累。第四，优化中央排污设施，将池塘的 4 个角设计成圆角，池底形成一定的坡度，微微向中央排水口倾斜，以中央排水口为圆心，直径为 3～5 米，用砖块、水泥铺设一个排水区，减小池底的排水阻力，便于污物向中央排水口集中排出。

（3）水泥池（图 3-42）　养殖池以水泥、沙石浇灌或用砖砌水泥覆盖涂布而成，优点是既坚固又易于排污；缺点是造价高，长时间使用后池体容易出现裂缝、渗水。目前采用该类型高位池的数量和面积远少于铺膜池和水泥护坡沙底池。

综合对比 3 种高位池的建设成本、养护效果、养殖生产效益等

图 3-42　水泥池

指标，铺膜池更为适宜南美白对虾的养殖生产需求。

5. 高位池养殖的技术流程

（1）放苗前的准备工作

①清理池塘及消毒除害。铺膜池和水泥池的清理方法基本相同。池塘排水后用高压水枪彻底清洗黏附于池底和池壁的污垢。在强阳光条件下晾晒 3～5 天。但铺膜池和水泥池均不宜过度暴晒，否则土工膜会加速老化，水泥池出现裂缝导致渗漏。对于水泥护坡沙底池的清理则相对较复杂，先排干池内水体进行暴晒，使沙底表层的污物硬化结块清出池外；再用高压水枪冲洗，直到池底细沙没有污黑淤泥，池壁无污物黏附；然后再翻耕暴晒，直到沙子氧化变白；全面检查池底、池壁、进排水口等处是否出现裂缝，进行补漏、维修，避免养殖过程中出现渗漏。

池塘消毒通常在放苗前两周选择晴好天气进行。用药前池内先引入少量水体，有利于药物溶解和在池中均匀散布。一般可按30～50 毫克/升的浓度使用漂白粉（有效氯含量约为 30%）消毒浸泡，并用水泵抽取消毒水反复喷洒池壁未被浸泡的地方。消毒时应保证池塘的边角、缝隙都能施药到位，消毒彻底。池塘浸泡 24 小时后将消毒水排掉，再进水清洗池底和池壁。

②进水及水体消毒。采用沙滤进水系统处理过的水源可直接引

入虾池，未经沙滤处理的水源需经过 60～80 目的筛绢网过滤后再进入虾池。一次性进水至水深 1.2～1.5 米，再用含氯消毒剂或海因类消毒剂进行水体消毒。也可采用"挂袋"式的消毒方法，将消毒剂捆包于麻包袋之中，放置于进水口处，水源流经"消毒袋"后再进入池塘，从而起到消毒的效果。在对虾养殖场密集的地方，可考虑配备一定面积的蓄水消毒池，进水时，先把水源引入蓄水消毒池处理后，再引入池塘使用。

③放苗前优良水环境的培育。由于高位池内残余的有机物少，水体营养相对贫瘠，为保证微藻的生长和藻相的持续稳定，在培育优良微藻时应该联合使用无机复合营养素、有机无机复合营养素和芽孢杆菌制剂。通常在放苗前 5～7 天，选择天气晴好时施用无机复合营养素，为水体中的微藻提供可即时利用的营养，同时配合使用有机无机复合营养素和芽孢杆菌制剂，保持水体的营养水平。7～15 天再反复施用两次，避免微藻大量繁殖后因水体营养供给不足而衰亡。

（2）虾苗的选购及放养

①虾苗的选购。健康优质的虾苗是养殖成功的重要保证之一，最好选择虾苗质量好、信誉度高的企业选购虾苗。条件允许的话，可先到虾苗场考察，了解虾苗场的生产设施与管理、生产资质文件、亲虾的来源与管理、虾苗健康水平、育苗水体盐度等关键问题。选购的虾苗个体全长应大于 0.8 厘米、虾体肥壮、形态完整、身体透明、附肢正常、群体整齐、游动活泼有力、对水流刺激敏感、肠道内充满食物、体表无脏物附着，还可采用"逆水流实验""抗离水实验""温差实验"等简易方法当场检查虾苗健康程度。为确保虾苗质量安全，还可委托有关部门检测是否携带致病弧菌和病毒。

a. 逆水流实验。将少量虾苗放入圆形水盆中，顺时针方向搅动水体。如果虾苗逆水流游动或趴伏在盆底，说明虾苗活力较好、体质健康；若虾苗顺着水流方向漂流，则表明虾苗体质弱。

b. 抗离水实验。准备一条拧干的湿毛巾，将虾苗从育苗水中取出放置在毛巾上，包埋 3～5 分钟后再放回育苗水体中，观察虾苗的存活情况。如果全部存活，表明虾苗体质好；反之，说明虾苗的体质差。

c. 温差实验。先从育苗池取少量水并把水温降低到 5℃ 左右，取少量虾苗放入冷水中 5～10 秒，再迅速捞出放回原水温的育苗水体，观察虾苗的恢复情况。如果虾苗在短时间内恢复活力，则说明虾苗体质健康；如果虾苗恢复缓慢甚至死亡，则说明体质差。

通常要求养殖池塘水体的 pH、盐度、温度等水质条件与虾苗池相近，如果存在较大差异，可在出苗前一段时间要求虾苗场根据池塘水质情况对育苗池水质进行逐步调节，将虾苗驯化至可适应养殖池塘水质条件。

②虾苗的放养。南美白对虾的放苗水温最好稳定在 20℃ 以上。以往在我国东南沿海地区，第一茬虾苗放养时间多选择在清明之后。近年来，由于天气条件影响，多将放苗时间推后到端午节前后或 5 月中上旬。目前，虾苗放养有直接放养和经过中间培育后再放养于养殖池两种方式。

a. 直接放养。就是将虾苗直接放入池塘中养殖至收获。高位池的南美白对虾放苗密度一般为每亩 10 万～15 万尾，可依照下述产量规划式计算放苗密度。根据不同的收获预期可适量增减，如定向生产小规格商品虾的放苗密度可适当提高；计划在养殖过程中根据对虾规格及市场需求，采取分批收获的也可依照生产计划适当提高放苗密度，但总体最高不得超过每亩 30 万尾。

产量规划式：

$$\frac{\text{放苗密度}}{\text{（尾/亩）}} = \frac{\text{计划产量（千克/亩）} \times \text{计划对虾规格（尾/千克）}}{\text{经验成活率}}$$

经验成活率依照往年养殖生产中对虾成活率的经验平均值估算。

虾苗运至养殖场后，先将密闭的虾苗袋放入虾池中漂浮浸泡30～60 分钟，使虾苗袋内的水温与池水温度相接近，以便虾苗逐渐适应池塘水温，然后取少量虾苗放入虾苗网置于池水中"试水"30分钟左右，观察虾苗的成活率和健康状况，确认无异常现象再将漂浮于虾池中的虾苗袋解开，在池中均匀放苗。放苗时间应选择在天气晴好的清晨或傍晚，避免在气温高、太阳直晒、暴雨时放苗；应选择在避风处放苗，避免在迎风处、浅水处放苗。

b. 中间培育。俗称"标粗"，指先将虾苗放养至一个相对较小的水体集中饲养一段时间（20～30天），待其生长到体长3～5厘米后再移到养成池进行养殖。通常标粗池的虾苗放养密度为120万～160万尾/亩。中间培育过程中投喂优质饵料，前期可加喂虾片和丰年虫进行营养强化，达到增强体质、提高抗病力的效果。采用中间培育的方法可提高前期的管理效率，提高饲料利用率和对虾的成活率，增强虾苗对养殖水环境的适应能力。通过把握好中间培育与养成阶段的时间衔接，可缩短养殖周期，实现多茬养殖。

进行虾苗中间培育（标粗）时应注意：

①放苗密度不宜过大，以免影响虾苗的生长。

②时间不宜过长，一般培育20～30天幼虾体长达到3～5厘米，就应及时分疏养殖。

③幼虾分疏到养成池时，应保证池塘水质条件与标粗池接近，分池时间选择在清晨或傍晚，避免太阳直射，搬池的距离不宜过远，避免幼虾长时间离水造成损伤，整个过程要防止幼虾产生应激反应。

（3）科学投喂　选择人工配合饲料应遵循以下几个原则：营养配方全面，满足对虾健康生长的营养需要；产品质量符合国家相关质量、安全、卫生标准；饲料系数低、诱食性好；加工工艺规范，水中稳定性好、颗粒紧密、光洁度高、粒径均一、粉末少。

在饲料投喂过程中，应把握好投喂时间、投喂量和及时观察3个重要环节。一般在放苗翌日虾苗稳定后即可投喂饲料，若水中浮游动植物的生物量高，能为虾苗提供充足的饵料生物，可在放苗三四天后再开始投喂饲料，但最好不超过1周。养殖过程中根据对虾规格对应选择 0～4 号饲料，在放苗的一两周内可适当投喂虾片和丰年虫，以利于提高幼虾的健康水平。日常的饲料投喂时间需根据南美白对虾的生活习性进行安排，高位池养殖每天投喂饲料3～4次，可选择在 7：00、11：00、17：00、22：00 进行投喂，日投料量一般为池内存虾重量的 1%～2%，通常早上、傍晚多投，中午、夜间少投。投喂饲料时应全池均匀泼洒，使池内对虾均易于觅食。为准确把握投喂量，投料后应及时观察对虾的摄食情况。饲料观察网安置在离池边 3～5 米且远离增氧机的地方，每口池塘设置 2～3 个观察网，有中央排污的池塘还应在虾池中央加设 1 个，用于观察残余饲料及中央池水污染情况。养殖过程中还应不定期抛网检查对虾生长情况和存活量，根据池塘对虾的数量和大小规格，及时调整饲料型号和投喂量。

检查饲料观察网的时间在不同的养殖阶段有所差别，养殖前期（30 天以内）为投料后 2 小时，养殖前中期（30～50 天）为投料后 1.5 小时，养殖中后期（50 天至收获）为投料后 1 小时。每次投料时在饲料观察网上放置的饲料为当次投料量的 1%～2%。当观察网上没有剩余饲料、网上聚集虾的数量较多且 80% 以上对虾的消化道存有饲料时，可维持原来的投料量；网上无饲料剩余、聚集虾的数量少且对虾消化道中饲料不足时，则需适当增加饲料量；如果观察网上还有剩余饲料即表明要适当减少饲料投喂量。

此外，还应该根据天气和对虾情况酌情增减饲料投喂量，养殖前期多投，中后期宁少勿多；气温突然剧烈变化、暴风雨或连续阴雨天气时少投或不投，天气晴好时适当多投；水质恶化时不投；对虾大量蜕壳时不投，蜕壳后适当多投。

（4）水环境管理　由于养殖密度高和缺乏底泥生态系统的缓冲，高位池中水体环境相对较为脆弱，主要依赖人工调控稳定水质。一般高位池养殖南美白对虾的水温为 20～32℃、盐度为 5～35，水温和盐度的日变化幅度不应超过 5 个单位；适宜 pH 为 7.8～8.6，日变化不宜超过 0.5；溶解氧含量大于 4 毫克/升以上；透明度30～50 厘米；氨氮含量小于 0.5 毫克/升；亚硝酸盐含量小于 0.2 毫克/升。

①养殖过程水环境管理的基本原则。养殖前期实行全封闭管理。放苗前进水 1.2～1.5 米之后 30 天内不换水。根据水色和天气情况，施用有益菌制剂和微藻营养素，维持稳定的菌藻密度及优良的菌相和藻相，保持水体的"肥"和"活"。

养殖前中期实行半封闭管理。放苗 1 个月后随着饲料投喂量的增加，水体中的养殖代谢产物开始增多，此时可逐渐加水至满水位，并根据水质变化和水源的质量情况适当添（换）水，一次添（换）水量为养殖池水容量的 5%～10%。同时，科学使用有益菌制剂和水质改良剂为水体"减肥"，保持养殖水环境稳定。

养殖中后期实行有限量水交换。放苗 50 天后进入养殖中后期，虾池自身污染日渐加重。此时，应适当控制饲料的投喂，实施有限量水交换排出池底污物（3～5 天的换水量为池内总水量的 10%～20%），加强使用有益菌制剂和水质改良剂净化水质，强化增氧，使日均溶解氧含量保持在 4 毫克/升以上。通过"控料""换水""用菌""高氧"等措施稳定水质，保持水体"活""爽"。

②水环境管理的具体措施。

a. 适量换水。换水可移除部分养殖代谢废物、改善底质状况、降低水体营养水平、控制微藻密度、适当调节水体盐度和透明度、调节水温、刺激对虾蜕壳。应根据养殖池内水质状况进行适时适量的换水，可秉持"三换""三不换"的原则。

"三换"：水源条件良好，理化指标正常且与池内水体盐度、温度、pH 等相差不大时可换；高温季时水温高于 35℃，天气闷热，气压低，在可能骤降暴雨前尽快换水，避免池塘水体形成上冷下热的温跃层，暴雨过后可适当加大排水量，避免大量淡水积于表层形成水体分层；池内水质环境恶化，对虾摄食量大幅减少时可适当换水，如池底污泥发黑发臭，水中有机质过多，溶解氧含量日均低于 4 毫克/升，水色过浓、透明度低于 25 厘米，或浮游动物过量繁殖、透明度大于 60 厘米，水体酸碱度异常（pH 低于 7 或高于 9.6）。出现上述情况均可适当换水。换水不宜过急、过多，避免大排大灌，以免环境突变，使对虾产生应激反应而发病和死亡。一般换水量不得超过池内总水量的30%。

"三不换"：当对虾养殖区发生流行性疾病时，为避免病原细菌和病毒传播不宜换水；养殖区周边水域发生赤潮、水华或有害生物增多时不宜换水；水源水质较差甚至不如池内水质时不宜换水。

不同养殖阶段换水的措施应有所区别。通常养殖前期池水水位较低只需添加水而不排水，可以随对虾生长逐渐增加新鲜水源。养殖中期适当加大换水量，每5～7天换水1次，每次换水量为池塘总水量的5%～10%。养殖后期随着水体富营养化程度升高，可逐渐加大换水量，每3～5天换水1次，每次换水量为池塘总水量的10%～20%。

b. 微生态调控。利用有益菌、水质/底质改良剂调控水质，促进养殖代谢产物及时分解转化，达到净化和稳定水质的目的。目前，高位池养殖中常用的有益菌制剂主要包括芽孢杆菌、光合细菌、乳酸杆菌等。其中，芽孢杆菌制剂需定期使用，促进有益菌形成生态优势，抑制有害菌滋生，使养殖代谢产物快速降解，促进优良微藻的繁殖与生长，维持良好藻相。光合细菌制剂和乳酸杆菌制剂，根据水质情况不定期施用。光合细菌主要用于去除水体中的氨氮、硫化氢、磷酸盐等，减缓水体富营养化，平衡微藻藻相，调节水体pH；乳酸杆菌用于分解小分子有机物，去除水中亚硝酸盐、磷酸盐等物质，抑制弧菌滋生，起到净化水质、平衡微藻藻相和保持水体清爽的效果。防控以蓝藻、甲藻等有害微藻为优势藻的藻相，形成以绿藻、硅藻等有益微藻为优势藻的藻相。

不同类型菌剂的使用方法有所不同。在高位池养殖过程中芽孢杆菌的施用量相对较大，以池塘水深1米计，有效菌含量为10亿个/克的芽孢杆菌制剂，在养殖前期"养水"时用量为1.5～3千克/亩，养殖过程中每隔7～10天施用1次，直到养殖收获，每次施用量为1.0～1.5千克/亩。使用时，可直接泼洒使用，也可将菌剂与0.3～1倍的花生麸或米糠混合搅匀，添加10～20倍的池水浸泡发酵8～16小时，再全池均匀泼洒，养殖中后期水体较肥时适当减少花生麸和米糠的用量。光合细菌制剂在养殖全程均可使用，以池塘水深 1 米计，有效菌含量为 5 亿个/毫升的液体菌剂，每次施用量为 3.0～5.0 千克/亩，每 10～15 天使用 1 次；若水质恶化、变黑发臭时可连续使用 3 天，水色有所好转后再每隔 7～8 天使用 1 次。乳酸杆菌制剂的用量以池塘水深 1 米计，有效菌 5 亿个/毫升的液体菌剂，每次用量为 2.5～4.5 千克/亩，每 10～15 天使用 1 次；若遇到水体溶解态有机物含量高、泡沫多的情况，施用量可适当加大至 3.5～6 千克/亩。施用有益菌制剂后 3 天内不宜使用消毒剂，若确实必须使用消毒剂的，应在消毒 2～3 天后重新使用有益菌制剂。

采用由水车式增氧机、射流式增氧机、充气式增氧机组合的立体增氧系统的高位池，可考虑在养殖中后期应用菌-碳调控技术促进水体生物絮团的形成，提高异养细菌丰度，提高水体菌群的物质转化效率，同时为养殖对虾提供丰富的生物饵料，降低饲料系数。一般可在原有微生态调控技术的基础上，按 3 天 1 次的频率，以日饲料重量的 50% 施用糖蜜，同时配合使用一定量的芽孢杆菌制剂，在天气晴好的上午，第一次投喂饲料 1 小时后，称取所需糖蜜量和芽孢杆菌制剂与池塘水混合搅拌均匀后全池泼洒。应用菌-碳调控技术时，尤其须注意保证水体日均溶解氧含量大于 4 毫克/升和 pH 日均值稳定于 7.5～8.6。张晓阳等（2013）采用该技术养殖南美白对虾，养殖产量和净利润分别提高了 19% 和 31%，饲料系数及养殖成本分别降低了 22% 和 5%。

c. 适时使用水质、底质改良剂。使用理化型水质、底质改良剂，利用物理、化学的原理通过絮凝、沉淀、氧化、络合等作用清理水体中的养殖代谢产物，达到清洁水质、改善水环境的效果。常用的理化型水质、底质改良剂包括生石灰、沸石粉、颗粒型增氧剂（过氧化钙）、液体型增氧剂（过氧化氢）等。

生石灰，学名氧化钙，具有消毒、调节 pH、络合重金属离子等作用。一般在高位池养殖的中后期使用，特别是在暴雨过后使用生石灰调节 pH。每次用量为 5～10 千克/亩，具体应根据水体的

pH 情况酌情增减。

沸石粉，是一种碱土金属的铝硅酸盐矿石，内含许多大小均一的孔隙和通道，具有较强的吸附效应，可吸附水体中的有机物、细菌等，还可起到调节池水 pH 的作用。养殖全程均可使用，一般每15～30 天使用 1 次，养殖前期每次施用量为 5～10 千克/亩，中后期每次施用量为 15～20 千克/亩。

过氧化钙，为白色或淡黄色结晶性粉末，粗品多为含结晶水的晶体，通常被制成颗粒型增氧剂，也有部分为粉剂型增氧剂。过氧化钙的化学性能不稳定，入水后容易与水分子发生化学反应，释放出初生态氧和氧化钙。初生态氧具有较强的杀菌力。因此，它既可提高水体溶解氧含量，还可起到杀菌、平衡 pH、改良池塘底质的作用。在高位池养殖中后期可经常使用，夜晚可按 1～1.5 千克/亩全池泼洒，预防对虾缺氧；在气压低、持续阴雨的天气条件下，对虾尤其容易在夜晚发生缺氧，可按 1～2 千克/亩的用量全池泼洒，有利于缓解对虾缺氧症状。

过氧化氢，是一种在养殖过程中常见的液体型增氧剂，为无色透明液体，含 2.5%～3.5%的过氧化氢。它具有良好的增氧、杀菌作用，使用时可考虑利用特制的设备灌至池底，可有效缓解对虾缺氧症状，同时也可有效改善池塘水质和底质环境。

d. 增氧机的使用。增氧机是水产集约化养殖中必不可少的设施，它不仅可以提高养殖水体中的溶解氧含量，还可促进池水水平流动和上下对流，保持水体的"活""爽"。在高位池养殖中，较为常用的有水车式增氧机、射流式增氧机、充气式增氧机，其中以二至四叶轮的水车增氧机最为常见。在高密度的对虾高位池养殖中，可选择不同类型的增氧机组合使用，强化水体的立体增氧效果。水层增氧系统按每 3 亩养殖水面配备 2 台功率 0.75 千瓦水车式增氧机和 2 台 1.5 千瓦射流式增氧机，底层充气式增氧机依靠鼓风机连接导气系统，在池塘底部均匀安置散气管、纳米管或散气石等，水底的气孔压强 3～10 千帕，直接将空气导入水体中，达到增氧效果。增氧机的使用与养殖密度、气候、水温、池塘条件及配置功率有关，须结合具体情况科学使用，才能起到事半功倍的效果。

养殖前期（30 天内），池中的总体生物量较低，一般不出现缺氧的状况，开启增氧机主要是促进水体流动，使微藻均匀分布，提高微藻的光合作用效率，保证"水活"。养殖前中期（30～50 天），对虾生长到了一定规格，随着池中生物量增大，溶解氧的消耗不断升高，需要增加人工增氧的强度。在天气晴好的白天，微藻光合作用增氧能力较强，一般可不开或少开增氧机，但在夜晚至凌晨阶段以及连续阴雨天气时，应保证增氧机的开启，确保水体中溶解氧日均含量大于 4 毫克/升。养殖中后期（50 天至收获），对虾个体相对较大，池内总体生物量和水体富营养化程度不断升高，要保持水中溶解氧稳定供给，尤其须防控夜晚至凌晨时分对虾出现缺氧状况。这个阶段增氧机可全天全部开启，只在投喂饲料后一两个小时内稍微降低增氧强度，保留一两台增氧机开启，减少水体剧烈运动以便对虾摄食。

（5）日常管理工作　日常管理工作是否到位是决定养殖成功与否的关键之一。养殖过程中应及时掌握养殖对虾、水质、生产记录和后勤保障等方面的情况，并做出有效的应对管理措施。作为养殖管理人员每天须做到至少早、中、晚 3 次巡塘检查。

观察对虾活动与分布情况。及时掌握对虾摄食情况，在每次投喂饲料 1～2 小时后观察对虾的肠胃饱满度及摄食饲料情况。定期测定对虾的体长和体重，养殖后期每隔 15～30 天抛网估测池内存虾量，及时调整饲料型号，决定收获时机（图 3 - 43）。观察中央排污口是否漏水，每天在中央排污口处仔细观察是否有病死虾，估算死虾数量。

观察水质状况，调节进排水。每天测定温度、盐度、溶解氧、pH、水色、透明度等指标，每周监测溶解氧、氨氮、亚硝酸盐、硫化氢等指标，定期取样检测浮游生物的种类与数量，采取措施调节水质，稳定水中的优良藻相，防止有害生物大量生长。

饲料、药品做好仓库管理，进、出仓需登记，防止饲料、药品积仓。做好养殖过程有关内容的记录（如放苗量、进排水、水色、

图 3-43　养殖后期抛网测产

施肥、发病、用药、投料、收虾等)，整理成养殖日志，以便日后总结对虾养殖的经验、教训，实施反馈式管理，建立对水产品质量可追溯制度，为提高养殖水平提供依据和参考。

每天检查增氧机的开启情况，检查增氧机、水泵及其他配套设施是否正常运行，定期试运行发电机组。清除养殖场周围杂草，保障道路通畅，保障后勤，改善工人福利。

(6) 收获　收获时机的把握与养殖效益密切相关。当养殖对虾达到商品规格时，若市场价格合适，符合预期收益，可考虑及时收获。如果养殖计划为高密度放苗分批收获，应实时掌握对虾的生长情况，根据市场需求和虾体规格适时收获，利用合适孔径的捕虾网进行"捕大留小"式收获，降低池塘对虾的密度，再进行大规格对虾的养殖。当养殖周边地区出现大规模发病的迹象，预计可能会对自身的养殖生产产生不良影响时，也应考虑适时收虾。收获前应查看生产记录，确定近期用药情况及满足休药期要求，再抽样检测保证质量安全才收获出售。

收获时，先排出池塘水至水深 40~60 厘米，再以渔网起捕装箱，当池中对虾不多时再排干池水收虾。采用分批收获的，在第一次起捕后应及时补充进水，并根据水质和对虾健康状况，施用抗应激的保健投入品和底质改良剂，提高对虾抗应激能力，稳定池塘水质，在2～3天内还应加强巡塘和强化管理，避免存池对虾因应激反应而大量死亡。存池对虾经过一定时间生长到较大规格收获时，再参考上述方法进行收获操作。

（7）养殖污物及尾水的处理　为保障养殖区水域环境不受污染，保证对虾养殖生产可持续发展，最好在养殖区域设置养殖尾水排放渠，尾水在沟渠中进行综合生态净化处理后再行排放或循环利用。在养殖尾水排放沟渠中合理布局，放养一些滤食性的鱼类、贝类、大型藻类或水生植物，并安置一定体积的有益微生物附着膜或其他简易介质。利用滤食性鱼类、贝类滤食水体中的有机颗粒和细小生物，大型藻类、水生植物吸收溶解性的营养盐，微生物降解水中的溶解性和悬浮性有机质，通过不同生物的生态链式净化处理，降解、转化、吸收养殖尾水中的污染物，实现水体的净化。

6. 分级高位池养殖模式

目前，对虾养殖生产多采用单池结构，由于养殖者大多按照季节更替的自然规律进行对虾养殖生产，一般一年养殖一茬或两茬，所以大部分成品对虾集中在7—8月和11—12月上市，一方面导致因对虾市场供应在短时间内过于集中，售价大幅度下滑；另一方面在非传统的对虾收获季节，市场上无充足的鲜活对虾供应。另外，虾池在适合养殖的时间内至少约有100天闲置，降低了养殖设施的利用率。为改变此不利局面，在有条件的地区可采用分级高位池养殖模式进行对虾养殖。

（1）养殖池系统结构　分级高位池养殖系统是在普通高位池的基础上改造而来的，可采用串联式两级养殖池结构，将一大一小两个池串联，也可把一个一级池连接多个二级池，一级池与二级池的面积比例一般为1∶4。一级池与二级池间设移虾管（连通管），移虾管的一端与一级池的底部连接，另一端与二级池的侧壁相连，管道直径应大于30厘米，开口两端的高度落差应大于

1.5 米，以利于实现将一级池的幼虾全部无损伤地转入二级池中养殖（图 3-44）。

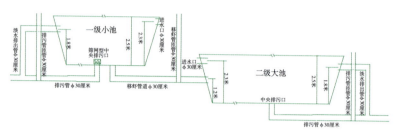

图 3-44　串联式两级养殖池

　　养殖生产时，二级池首次进水 1.2 米左右，培育优良的菌相和微藻藻相，使芽孢杆菌等有益菌形成生态优势；构建以绿藻、硅藻等有益藻为优势藻的藻相，水体透明度达到 40~60 厘米。移虾时，将一级池中的移虾管打开，使幼虾随水流一起进入二级池养成。

　　此外，分级养殖池塘也与普通高位池一样配有完善的管道系统和配套池系统。其中，管道系统包括移虾管、进水管、排水管、排污口、排水井等；配套池系统包括沙滤池、蓄水消毒池等。增氧机装配强度相对较大，一般采用立体式的增氧系统。水层增氧系统按每 3 亩养殖面积配备 2 台功率 0.75 千瓦水车式增氧机和 2 台 1.5 千瓦射流式增氧机。同时，还配有底层充气式增氧设备，直接将空气导入水体中，达到强化增氧的效果。

　　（2）养殖工艺　养殖过程中，一级养殖池放养南美白对虾虾苗的密度为 120 万~150 万尾/亩，虾苗体长 1 厘米，养殖 40~50 天，幼虾生长至体长 4~6 厘米，通过一级池的移虾管进入二级池进行成虾养殖。二级养殖池放养密度 10 万尾/亩左右。

　　①第一茬。2 月初，一级池加盖温棚，使水温保持在 20℃以上，进水培好水质；2 月中旬投放虾苗养殖 50 天，幼虾生长至体长 4~6 厘米；3 月下旬将大部分幼虾通过移虾管连虾带水转移到二级池养成，也可存留一小部分幼虾在一级池继续养成，至 4 月下旬提早收成，在气温稳定在 25℃以上时拆除温棚。二级池在 3 月

中旬时进水培好水质，3月下旬将一级池养殖的幼虾带水移入二级池，对虾养殖50天达到80～100尾/千克的规格，于5月中旬收成。

②第二茬。4月下旬，一级池进水培好水质，5月上旬放苗养殖30天，幼虾体长达4～5厘米，6月上旬将大部分幼虾移进二级池，存留小部分幼虾继续养成，于8月中旬收成。二级池在5月下旬时进水培好水质，6月上旬将一级池养殖的幼虾移入，养殖90天达到50～60尾/千克的规格，于9月上旬收成。

③第三茬。8月中旬，一级池进水培好水质，8月下旬放苗养殖30～40天，9月下旬将大部分幼虾移进二级池，存留小部分幼虾继续养成，于12月下旬收成。养殖后期如水温下降，则应加盖温棚，使水温保持在20℃以上。二级池在9月中旬时进水培好水质，9月下旬将一级池养殖的幼虾移入，养殖90天达到80尾/千克的规格，12月下旬收成。养殖后期如水温下降，应加盖温棚，使水温保持在20℃以上。

7. 存在的问题和今后的发展思路

高位池养殖模式在我国广东、海南、福建、广西等对虾养殖主产区已发展了近30年。然而，目前在养殖池塘分布密集的区域，易出现养殖尾水未经生态化处理排放、水源水质受影响等问题，再加上近年来对虾病害频发，制约了该模式可持续发展。

鉴于当前制约高位池养殖模式发展的诸多问题，结合其集约化程度高、易管理等特点，建议今后将高位池养殖模式向小型化、绿色高效的方向发展，强化养殖尾水生态化处理、充分利用好蓄水消毒池、加强苗种和养殖过程中的病原检测，发展绿色、高效、可持续的对虾养殖模式。

二、滩涂土池养殖模式与技术

1. 滩涂土池养殖模式的特点

在滩涂上建造池塘进行对虾养殖，一般池塘面积为5～20亩，水深为 1.2～1.5 米，配有进、排水系统和一定数量的增氧机（图 3-45）。该养殖模式所需投入的成本相对较小，养殖管理也较简单，又能取得一定的养殖效益，为广大群众接受，以一家一户进行对虾养殖的多采用该模式。但由于该养殖模式的池塘配套设施相对简陋，缺乏精细化管理，养殖过程的病害防控存在一定的困难。

图 3-45　滩涂土池

滩涂土池养殖南美白对虾，放苗密度通常为 4 万～6 万尾/亩，根据增氧机配置及进排水情况可适当增减。养殖全程实施半封闭式管理，养殖前期逐渐添水，养殖后期少量换水。放苗前培育优良的微藻藻相和菌相，营造良好水体环境，为幼虾提供充足的生物饵料，养殖过程投喂优质人工配合饲料。每 10～15 天定期施用芽孢杆菌制剂，不定期施用光合细菌、乳酸杆菌等有益菌制剂，根据水体状况不定期使用底质改良剂。通过调控水体生态环境，强化养殖对虾体质，综合防控病害的发生。此外，根据不同地区水质情况也可在对虾养殖过程中套养少量的罗非鱼、鲻、草鱼、革胡子鲇等杂食性或肉食性鱼类，摄食池塘中有机碎屑和病死虾，起到优化水环境和防控病害暴发的效果。通常采用滩涂土池养殖南美白对虾的单茬产量可达到 300 ～ 500 千克/亩。

2. 滩涂土池养殖的技术流程

（1）虾苗放养前的准备工作

①清理池塘及消毒除害。在上一茬养殖收虾后，把池塘中的积水排干，暴晒至底泥无泥泞状，对池塘进行修整。利用机械或人力把池底淤泥清出池外或利用推土机将表层 10～20 厘米的底泥去除。清理的淤泥不要简单堆积在池堤上，以免随水流回灌池中。平整池底，检查堤基、进排水口的渗漏及坚固情况，及时修补、加固。池塘清理修整后撒上石灰，再进行翻耕暴晒，使池底晒成龟裂状为好，从而杀灭病原微生物、纤毛虫、夜光虫、甲藻、寄生虫等有害生物。

根据当地水域的具体情况，选用生石灰、漂白粉、茶籽饼、敌百虫等，杀灭杂鱼、杂虾、杂蟹、小贝类等竞争性生物和鲷科鱼类、弹涂鱼等捕食性生物。使用药物消毒除害时应选用高效、无残留的种类，根据药品说明书上的要求科学用药，使用量可根据药品种类、池塘大小、既往发病经历、池塘理化条件等酌情增减。在放苗前 10～15 天选择晴好天气用药，用药前池塘内先引入少量水，有利于药物溶解和在池中均匀散布，所进水源需经 60～80 目的筛绢网过滤。消毒时应保证池塘的边角、缝隙、坑洼处都能施药到位消毒彻底。用茶籽饼或生石灰消毒后无须排掉残液，使用其他药物消毒的尽可能把药物残液排出池外。在养殖生产中可将清淤、翻耕、晒池、整池、消毒等工作结合起来，有利于提高工作效率。

②进水与水体消毒。选择水源条件较好时进水，先将水位进到 1 米左右，后续在养殖过程中根据池塘水质和对虾生长状况逐渐添加新鲜水源直到满水位为止，养殖中后期根据养殖情况适当换水。对于水源不充足、进水不方便的池塘，应一次性进水到满水位，养殖过程中实现封闭式管理，只是适时添加少量新鲜水源，补充因蒸发作用导致的水位下降。

所进水源需经 60～80 目的筛绢网过滤，进水后使用漂白粉、溴氯海因、二氯异氰脲酸钠、三氯异氰脲酸等水产养殖常用消毒剂消毒水体。消毒剂可直接化水全池泼洒，也可采用"挂袋"式消毒方法。"挂袋"式消毒方法是将进水闸口调节至合适大小，把消毒剂捆包于麻包袋中，放置在进水口处，水源流经"消毒袋"后再进入池塘，从而起到消毒的作用。

③放苗前优良水环境的培育。培养优良的菌相和微藻藻相，营造良好水色，这是对虾养殖前期管理的关键措施之一。在放苗前1周左右，施用微藻营养素和芽孢杆菌制剂培养优良微藻藻相和菌相。根据池塘的营养状况选用合适种类的微藻营养素，底泥有机质丰富或养殖区水源营养水平高的池塘，应选用无机复合营养素，该种营养素富含不易为底泥吸附的硝态氮和均衡的磷、钾、碳、硅等营养元素，容易被浮游微藻直接吸收，同时配合使用一定量的芽孢杆菌制剂。对于新建的或底质贫瘠、水源营养缺乏的池塘，应该选用无机有机复合营养素，无机营养盐可直接被微藻吸收利用，有机质成分可维持水体肥力。

有养殖户采用粪肥"肥塘"，如果施用不当，水体增肥效果有限，还会导致池底有机质积累引起水环境恶化。其实粪肥主要是一种有机肥，需经充分发酵后再使用，养殖生产中一般将其与生石灰混合后充分发酵3～5天再使用，最好是与芽孢杆菌等有益菌制剂一起发酵，通过有益微生物的充分降解，既可提高粪肥的肥效，还可降低有机质在池塘中的耗氧量。粪肥的用量不宜过多，要根据池塘具体情况而定，最好同时配合施用一定量的氮磷无机肥，保证水体营养平衡。

在第一次"施肥"2～3周后还应再追施2～3次营养素和芽孢杆菌制剂，以免因微藻大量繁殖消耗水体营养使得后续营养供给不足而造成微藻衰亡。通过联合使用微藻营养素和芽孢杆菌等有益菌制剂，为微藻提供可即时吸收利用的无机营养素，还可通过有益菌降解池底和营养素中的有机质，保证营养的持续供给，促进微藻稳定生长。

（2）虾苗的选购和放养

①虾苗选购。施用微藻营养素和有益菌1周左右，营造了良好水色，即可放养虾苗进行养殖。优质虾苗的选购和科学放养是保证对虾养殖成功的一个重要前提。

选购虾苗前最好先到虾苗场进行考察，了解虾苗场的生产设施与管理、生产资质文件、亲虾来源与管理、虾苗健康水平、育苗水体盐度等，选择虾苗质量好、信誉度高的企业购买虾苗。选购的虾苗个体全长 0.8～1.0 厘米、虾苗群体规格均匀、虾体肥壮、形体完整、身体透明、附肢正常、游动活泼有力、对水流刺激敏感、肠道内充满食物、体表无脏物附着。为确保虾苗的质量安全，还可委托有关部门检测是否携带致病弧菌和特异性病毒。

养殖池塘水体的 pH、盐度、温度等水质条件应与育苗池的相近，如果存在较大差异，可在出苗前一段时间要求虾苗场根据池塘水质情况对育苗池水质进行调节，将虾苗驯化至能够适应养殖池塘水质条件。一般虾苗的运输多采用特制的薄膜袋，容量为 30 升，装水 1/3～1/2，装苗 5 000～10 000 尾，袋内充满氧气，经过 10～15 小时的运输虾苗仍可保持成活。如果虾苗场与养殖场的距离较远、虾苗运输时间较长，选购时可酌情降低虾苗个体规格或苗袋装苗数量，以保证虾苗经过长距离运输的成活率。

②虾苗放养。通常滩涂土池养殖南美白对虾的放苗密度为 4万～6 万尾/亩，但在具体操作中，放养密度还应综合考虑水深、换水频率、虾苗的规格与质量、增氧强度、商品对虾的目标产量及规格、养殖技术水平和生产管理水平等多种因素的影响。虾苗放养密度可参考下面公式计算。

产量规划式：

$$\frac{放苗密度}{（尾/亩）} = \frac{\frac{计划产量}{（千克/亩）} \times \frac{计划对虾规格}{（尾/千克）}}{经验成活率}$$

经验成活率依照往年养殖生产中对虾成活率的经验平均值估算。如果虾苗经过中间培育（标粗）且体长达到 3 厘米左右，经验成活率可按 85% 计算。

南美白对虾的放苗水温最好达到 20℃ 以上，气温低于 20℃ 时需加盖温棚。根据近年来我国对虾养殖主产区的天气变化情况，一般在未搭建温棚的条件下，虾苗放养时间多选择在 4 月中下旬至 5月中下旬。虾苗放养包括直接放养或经过中间培养后再放入养成池养殖两种方式。

直接放养是指将虾苗直接放入池塘中一直养至收获。虾苗运至养殖场后，先将虾苗袋在虾池中漂浮 30～60 分钟，使虾苗袋内的水温与池水温度接近，使虾苗逐渐适应池塘水温。然后取少量虾苗放入虾苗网，置于池水中"试水"30 分钟左右，观察虾苗的成活率和健康状况，确认无异常现象后，再将漂浮于虾池中的虾苗袋解开，在虾池中均匀投放。放苗时间应选择在天气晴好的清晨或傍晚，避免在气温高、太阳直晒、暴雨时放苗；应选择避风处放苗，避免在迎风处、浅水处放苗。

采取中间培养（标粗）的方式，可先将虾苗放养至一个较小的水体中集中饲养一段时间（20～30 天），待幼虾生长到体长 3～5 厘米后再移到养成池中养殖。中间培养时可利用小面积的虾池（2～5 亩）集中培养虾苗，然后再分疏于多个池塘进行养成；或者在面积较大的池塘中筑堤围隔成一口小池，在小池内培养虾苗，幼虾长大后通过小池闸门或破开池堤进入外围大池进行养成。标粗池和养成池的比例一般可按水体容积比 1∶（3～5）配置。此外，还可选择在池边便于操作的地方，架设简易筛绢栏网进行虾苗集中培养，栏网网孔大小为 40～60 目，到幼虾长至体长 3～5 厘米后，再把栏网撤去将虾疏散至整个池塘中进行养殖。通常中间培养的虾苗放养密度为 120 万～160 万尾/亩。中间培养过程中投喂优质饵料，前期可加喂虾片和丰年虫进行营养强化，增强体质、提高抗病力。

采用中间培养的方法可提高养殖前期的管理效率，提高饲料利用率和对虾成活率，增强虾苗对养殖水环境的适应能力。通过把握好中间培养与养成时间的衔接，还可缩短养殖周期，实现一年多茬养殖。进行操作时应注意：①放苗密度不宜过大，以免影响虾苗的生长；②时间不宜过长，一般为 20～30 天，幼虾体长达到 3～5 厘米就应及时分疏养殖；③幼虾分疏到养成池时，应保证池塘水质条件与标粗池接近，分池时间选择在清晨或傍晚，避免太阳直射，搬池的距离不宜过远，避免幼虾长时间离水造成损伤，整个过程要防止幼虾产生应激反应。

（3）科学投喂　选择人工配合饲料应遵循以下几个原则：营养配方全面，满足对虾健康生长的营养需要；产品质量符合国家相关质量、安全、卫生标准；饲料系数低、诱食性好；加工工艺规范、水中的稳定性好、颗粒紧密、光洁度高、粒径均一、粉末少。

直接放苗养殖的池塘，如果水色呈豆绿色、黄绿色或茶褐色，水中浮游微藻数量较多，可观察到大量浮游动物，说明池中饵料生物丰富，在放苗后1周之内可不投喂人工配合饲料。如果放苗时水色浅，水中浮游生物少，放苗当天或翌日就应开始投喂饲料。若所放养的是经过中间培养的幼虾，则在放养当天开始投喂饲料。总体而言，开始投喂饲料的时间要根据放苗密度、饵料生物的数量，以及虾苗规格等因素确定。对进行中间培养的虾苗，在放苗的一两周内可适当投喂一些虾片和丰年虫，以提高幼虾的健康水平。

滩涂土池养殖南美白对虾，日常的饲料投喂频率为每天3次较好，可选择在7：00、11：00、18：00投喂，日投料量一般为池内存虾重量的1%～2%。傍晚时的投喂量为日投料量的40%，早上和中午各为30%。养殖过程中应该视养殖密度、天气情况、水质、对虾健康状况等适量增减投喂量和投喂次数。

在离池边3～5米且远离增氧机的地方安置2～3个饲料观察网，用以观察养殖对虾的摄食情况。每次投喂饲料时在观察网上放置约为当次投料量1%的饲料，投料后1～1.5小时检查观察网的余料情况。如果网上没有饲料剩余，八成以上的对虾食道均呈现暗褐色或黑色，说明投喂量适合；网上没有饲料剩余，对虾食道中饲料少，说明投喂量不足，可适当增加；网上有饲料剩余，大部分对虾食道中饲料充足即表明投喂过量，需适度减少。饲料过量投喂不仅会使饲料系数增高，增加养殖成本，而且残余的饲料还会沉积在池塘环境中导致水质恶化，影响对虾健康生长，甚至诱发病害。因此，在对虾养殖过程应采取科学的投喂策略，一般在养殖前期多投，中后期"宁少勿多"；气温剧烈变化、暴风雨或连续阴雨天气时少投或不投，天气晴好时适当多投；水质恶化时不投；对虾大量蜕皮时不投，蜕皮后适当多投。

此外，在饲料投喂过程中还应根据对虾规格及时调整投喂饲料的型号，饲料颗粒过大或过小均不利于对虾摄食。还可根据虾体健康状况和天气情况适当选择一些添加了芽孢杆菌或中草药成分的功能饲料，也可自行利用芽孢杆菌、乳酸菌、酵母菌、中草药进行饲料拌喂，以提高饲料利用率，增强养殖对虾的抗病和抗逆能力，提升机体健康水平。

（4）水环境管理

①全封闭与半封闭的水质管理。在滩涂土池养殖南美白对虾的过程中秉持有限量水交换的原则。养殖前期（30 天内）保持不添、换水，实行全封闭养殖；中后期为半封闭管理，中期逐渐添水至满水位，后期根据池塘水质变化、对虾健康状况、水体藻相结构和密度，以及外界水源水质情况适量换水。应尽量保持池塘水环境稳定，每次添（换）水量不宜过大，为池塘总水量的 5%～15%。

近年来由于对虾养殖快速发展，有些地区的养殖场日渐增多。为保证水源质量，有条件的可配置蓄水消毒池，先将水源引入蓄水池进行沉淀、消毒处理后再引入养殖池，避免由水源带入的污染和病原生物，保证养殖对虾健康，还可保障优质水源的供应。另外，还应综合考虑水源盐度情况。有些地区不同季节、不同潮汐情况下的水体盐度存在较大差别。为保持养殖水环境稳定、避免造成对虾应激反应，所进水源可在蓄水池中将盐度调节至与养殖水体接近后再引入池塘。

②水体微生态调控。利用有益菌制剂调控养殖水质已广为对虾养殖户所接受并应用。不同种类的有益菌其功能和使用方法存在一定的差别，生产中常用的有益菌主要有芽孢杆菌、光合细菌和乳酸菌等几大类。其中，芽孢杆菌可快速降解养殖代谢产物，促进池塘的物质循环，为微藻生长繁殖提供有利条件，稳定维持优良的微藻藻相。当其在池塘中形成有益菌生态优势时，还能抑制弧菌等有害菌的滋长，防控养殖病害的发生。光合细菌能有效吸收水体中的氨氮、硫化氢、磷酸盐等，降低养殖水体富营养水平，通过与微藻的生态位竞争，还能起到平衡微藻藻相、调节水体 pH 的功效。乳酸

杆菌对水体中的溶解态有机质有较强的降解转换能力，净化水质的效果明显，同时还能有效降低水环境中亚硝酸盐、磷酸盐等的含量，促使水色保持清爽、鲜活，还对病原弧菌具有抑杀作用。施用有益菌制剂后一般不应换水和使用消毒剂，若确须换水或消毒，应在换水后或消毒2～3天后再重新施用有益菌制剂。此外，在某些情况下还可将有益菌制剂与理化型的水质、底质改良剂配合使用，可起到良好的协同功效。下面对不同类型的有益菌制剂和水环境改良剂的使用方法进行系统介绍。

a. 定期施用芽孢杆菌。晴好天气条件下，每隔7～15天定期施用一次芽孢杆菌制剂，直到养殖收获。含芽孢杆菌活菌量10亿个/克的菌剂，按水体为1米水深计算，放苗前的使用量为1～2千克/亩，养殖过程中的用量为0.5～1千克/亩。使用前可将菌剂与0.3～1倍重量的花生麸或米糠混合，并加入10～20倍重量的池塘水搅拌均匀，浸泡发酵8～16小时，再全池均匀泼洒。养殖中后期水体较肥时适当减少花生麸和米糠的用量。也可将菌剂直接用池水溶解稀释后全池均匀泼洒。

b. 不定期施用光合细菌。养殖过程中不定期施用光合细菌菌剂，可有效缓解水体氨氮过高、水体过肥、微藻过度生长等问题，即使在连续阴雨天气时，施用光合细菌净化水质，也不会增加水体溶解氧的负荷。含光合细菌活菌5亿个/毫升的菌剂，按水体为1米水深计算，使用量为2.5～3.5千克/亩。若水质恶化变黑发臭，可连续使用3天，待水色有所好转隔7～8天再使用1次。如果水色较清、透明度高，可选用加肥型光合细菌菌剂，用量为3～5千克/亩，连续使用3天，在水色和透明度情况有所好转后，隔10～15天可再次使用。使用时直接用池塘水稀释全池均匀泼洒。

c. 不定期施用乳酸杆菌。养殖过程中不定期使用乳酸杆菌菌剂，不仅可快速去除溶解态有机物，如有机酸、糖、肽等，还可有效净化水中的亚硝酸盐，使水质清新；由于乳酸菌生命活动过程中产酸，故还可起到调节水体pH的作用（李卓佳等，2008）。所以，当出现水质老化、溶解态有机物多、亚硝酸盐含量高、pH过高等情况时，可施用乳酸杆菌制剂调节水质。含乳酸杆菌活菌 5 亿个/毫升的菌剂，按水体为 1 米水深计算，使用量为 2.5～3 千克/亩，每 10～15 天使用 1 次。如果水色浓、透明度低，可适当加大用量至 3.5～6 千克/亩；水色清、微藻繁殖不良时，可选用加肥型乳酸杆菌菌剂，用量为 2～3 千克/亩。使用时可直接用池塘水稀释后全池均匀泼洒，也可将它与 5% 的红糖混合后发酵 8～16 小时再施用。

d. 适当使用水质、底质改良剂。养殖中期以后，每隔 2～3 周施用沸石粉、麦饭石粉、过氧化钙等水质改良剂，有利于吸附水体中的有害物质，结合有益菌制剂一同使用，能有效改善养殖生态环境。

当遭遇强降雨天气，pH 过低，应在养殖池中泼洒适量的石灰水。当水体 pH 过高，可适量施用腐殖酸，促使水体 pH 缓慢下降并趋向稳定。但相关产品的单次使用量不宜过大，以免引起水体 pH 剧烈变化导致对虾应激甚至死亡。

养殖中后期池中对虾的生物量较高，遇上连续阴雨天气、底质恶化等情况，容易造成水体缺氧。此时，应及时使用液体型或颗粒型的增氧剂，迅速提高水体溶解氧含量，短时间内缓解水体缺氧压力。

③增氧机的使用。通常 1～3 亩的养殖面积配备 1 台功率为 0.75～1.5 千瓦的水车式增氧机，具体配置数量和功率型号应该根据对虾养殖密度合理安排。增氧机的主要功能：一方面，通过增强水体与空气的接触增加氧气的溶入，提高水体溶解氧含量；另一方面，促进池水流动，使水中微藻的光合作用面增大，提升光合作用产氧效率，进而提高水体溶解氧含量，同时还可避免水体因温度和盐度等条件变化出现水体分层。因此，增氧机的科学使用对保持水体的"活""爽"具有重要作用。增氧机在池塘中的安放摆设需根据池塘的面积和形状综合考虑，以有利于池水溶解氧均匀分布，有利于促进水体循环流动，有利于养殖对虾的正常摄食与活动，有利于养殖管理操作为宜。增氧机的开启与对虾放养密度、

气候、水温、池塘条件及配置功率有关，须结合具体情况科学使用。一般为养殖前期少开，养殖后期多开；气压低、阴雨天气时多开；夜晚到凌晨阶段及晴好天气光照强烈的午后也应保证增氧机的开启。

（5）虾池中鱼类的套养　根据不同地区的实际情况，可在对虾养殖过程中套养少量杂食性或肉食性鱼类，如罗非鱼、鲻、草鱼、革胡子鲇、篮子鱼、黑鲷、黄鳍鲷、石斑鱼等，用于摄食池塘中的有机碎屑和病死虾，起到优化水质环境和防控病害暴发的作用。在选择套养鱼类品种时，应该充分了解当地水环境的特点，了解拟选鱼类的生活生态习性、市场需求情况，并针对计划放养的鱼、虾密度、比例、放养时间、放养方式进行小规模试验，然后综合考虑各方面因素，选择适当的方式进行套养。在盐度较低的养殖水体可以选择罗非鱼、草鱼、革胡子鲇等品种，盐度较高的水体可选择鲻、篮子鱼、黑鲷、黄鳍鲷、石斑鱼等品种。鱼的放养方式需要根据套养的目标需求而定，用于摄食病、死虾和防控虾病暴发的可选择与南美白对虾一起放养，用于清除水体中过多的有机碎屑和微藻的可与对虾一起放养，也可用围网将鱼圈养在池塘中的一个区域。下面对常见的鱼虾套养方式进行简要介绍。

①南美白对虾与罗非鱼套养。在虾池中放养罗非鱼可有效净化水体环境，提高对虾养殖效益（李卓佳等，2012）。其中，南美白对虾虾苗的放养密度为 4 万～6 万尾/亩，个体体长为 0.8～1 厘米；罗非鱼放养密度为 200～400 尾/亩，个体规格平均 5 克以上。若水体年平均盐度小于 5，还可同时每亩套养鳙 50 尾或鲢 30 尾。放苗顺序为先放养虾苗，养殖 2～3 周时对虾长到体长 2～2.5 厘米再放养罗非鱼苗（图 3-46）。投喂饲料时先喂罗非鱼饲料，待罗非鱼摄食完毕后再投喂对虾饲料，以避免罗非鱼抢食虾饲料。其他的养殖管理措施与南美白对虾单养的一致。虞为等（2013）研究提出，每亩放养南美白对虾 5.5 万尾和罗非鱼 220 尾，可显著提高养殖对虾对氮、磷营养元素的利用效率，减少水体环境中的氮磷沉

积，取得较好的养殖经济效益和生态效益（图3-47）。

图3-46　养殖前期在虾池中围网标粗罗非鱼幼鱼

图3-47　养殖收获的南美白对虾和罗非鱼

　　②南美白对虾与草鱼套养。在水体盐度5以下的南美白对虾养殖水体可选择套养一定量的草鱼，既可防控养殖对虾病害的暴发，又可在一定程度上增加养殖效益。先放养南美白对虾虾苗4万～6万尾/亩，养殖2～3周时对虾生长到体长2～2.5厘米再放养草鱼，草鱼个体规格为1千克左右，放养数量为每亩30～60尾，具体根

据放养虾苗的密度适当调整。养殖过程中可投喂草鱼饲料或不投。如果发现有病、死虾，不投喂草鱼饲料，利用草鱼摄食病、死虾，防控对虾病害的暴发。

③南美白对虾与革胡子鲇套养。在水体盐度10以下的可选择革胡子鲇进行套养，利用其摄食病、死虾，切断病原传播途径，防控对虾病害大面积暴发。但考虑到革胡子鲇生性凶猛，能摄食一定数量的活虾，所以鱼的投放数量须严格控制，不宜过量投放，同时虾苗的放养数量，也可根据养殖设施条件适量增加。放苗时可按5万～10万尾/亩的密度先投放南美白对虾虾苗，养殖2～3周时对虾个体生长到体长2～2.5厘米再放养革胡子鲇，革胡子鲇个体规格为400克左右，每亩的放养数量为50尾左右。

④南美白对虾与革胡子鲇、鲻的围网分隔式套养。在池塘中央处设置围网，围网与池塘的面积比例约为1∶5，围网网孔大小为对虾能出入网孔而鲻、革胡子鲇等鱼类不能，围网的上缘平齐于增氧机引起的池塘水流的内圈切线。围网外投放南美白对虾和革胡子鲇，围网内投放鲻（图3-48）。放苗时可按5万～10万尾/亩的密度先投放南美白对虾虾苗，养殖2～3周时对虾个体生长到体长2～2.5厘米，再放养鲻和革胡子鲇。两种鱼的个体规格均为400克左右，每亩放养鲻50尾，革胡子鲇30尾。其余养殖管理措施跟南美白对虾与革胡子鲇套养的类似。通过利用革胡子鲇摄食病、死虾，

图3-48　南美白对虾与革胡子鲇、鲻的围网分隔式混养

鲻摄食水体中的有机碎屑，既可有效防控南美白对虾病害的暴发，还能起到净化水体环境的作用。同时，还能提高南美白对虾的生长速度和成品虾规格，提升对虾产品的出售价格，取得较好的养殖经济效益和生态效益。

⑤南美白对虾与石斑鱼的套养。在水体盐度较高的池塘可选择石斑鱼进行套养。由于石斑鱼的生长速度较南美白对虾慢，当南美白对虾生长到一定阶段时石斑鱼因口径大小限制无法摄食较大规格的对虾，对此可在对虾的不同生长阶段对应地分批放入不同规格的石斑鱼，从而起到良好的效果。南美白对虾虾苗的放养密度为 5 万～10 万尾/亩，个体体长为 0.8～1 厘米，放苗 1 个月左右，对虾生长到体长 3～5 厘米时，再放入石斑鱼进行套养。石斑鱼每亩的放养数量为 30 尾，个体规格为 50～100 克，到南美白对虾养殖两个月左右，再按每亩 30 尾的数量投入个体规格为 120～150 克的石斑鱼。养殖过程只需投喂南美白对虾饲料。考虑到石斑鱼生性凶猛，能摄食一定数量的活虾，石斑鱼的投放数量须严格控制，不宜过量投放，同时南美白对虾虾苗的放养数量也可根据养殖设施条件适量增加。

虽然虾池中套养鱼类会使南美白对虾养殖的饲料系数略有升高，而且放养的肉食性鱼类可能还会造成对虾成活率有所降低。但套养少量鱼类有利于防控南美白对虾病害的暴发，净化水体环境，提高南美白对虾养殖的成功率。根据当地的水体条件和市场需求，选择既适合虾池套养又具有一定经济价值的鱼类，也可在一定程度上补偿南美白对虾养殖的经济效益。所以，在虾池套养适量经济鱼类总体效果良好。

（6）日常管理工作　养殖过程中应及时掌握养殖南美白对虾、水质、生产记录及后勤保障等方面的情况，每天做到早、中、晚 3 次巡塘检查。

①观察南美白对虾活动与分布情况。及时掌握南美白对虾摄食情况，在每次投喂饲料 1 小时后观察南美白对虾的肠胃饱满度及摄食饲料情况，根据南美白对虾规格及时调整使用相应型号的配合饲

料。养殖中后期每隔15～30天抛网估测池内存虾量，测定南美白对虾的体长和体重。

②观察水质状况，每一两周左右定期监测水体温度、盐度、pH、水色、透明度、溶解氧、氨氮、亚硝酸盐、硫化氢等指标（图3-49）。有条件的还可定期取样观察水体中的微藻种类与数量，及时采取措施调节水质指标，稳定有益藻相和菌相，防止有害生物大量生长。

图3-49 现场测定水体温度、溶解氧等指标

③根据水质条件和南美白对虾健康状况，可适当使用二氧化氯、聚维酮碘等水体消毒剂和南美白对虾营养免疫调控剂，施用渔药时建立处方制度，严格实行安全用药的原则要求。

④观察进排水口是否漏水，检查增氧机、水泵及其他配套设施是否正常运行。

⑤饲料、药品做好仓库管理，进、出仓需登记，防止饲料、药品积仓。做好养殖过程有关内容的记录（如放苗量、进排水、水色、施肥、发病、用药、投料、收虾等），整理成养殖日志，以便日后总结南美白对虾养殖的经验、教训，实施"反馈式"管理，建立对水产品质量可追溯制度，为提高养殖水平提供依据和

参考。

三、淡化养殖模式与技术

1. 低盐度淡化养殖模式特点

南美白对虾具有较广的盐度适应性，在盐度为 0～40 的水体中均可正常生长，因此可采取淡水、半咸水、海水等多种养殖模式。采用淡化养殖在一定程度上能减少海水病原微生物对虾体的影响，促进南美白对虾健康生长。近年来，该养殖模式在河口地区和淡水资源丰富地区发展迅速，取得了良好的经济效益和社会效益。虽然南美白对虾成体对水体盐度的适应性高，但在幼苗阶段仍要求水体具有一定的盐度。目前，有不少南美白对虾育苗场可提供虾苗淡化服务。考虑到虾苗运输和成活率等因素，养殖户应在放养虾苗前把养殖水体调节到具有一定盐度（盐度 3～10），养殖过程中逐渐添加淡水，使盐度降低至 0，即在淡水环境中进行养殖。有的养殖户为了使养殖成品虾的肉质结实、提高鲜味，在上市前半个月左右逐步提高水体盐度，使南美白对虾品质得到改善。目前，根据养殖水体来源和对水体盐度调节方式的不同，淡化方式可细分为：地表淡水-卤水（粗盐）、地下淡水-卤水（粗盐）、河口区水域的咸淡水、盐碱地区域地下卤水-地表淡水、盐碱地区域地下淡水等。

虽然近年来南美白对虾的淡化养殖发展迅猛，但南美白对虾淡化养殖中存在的一些问题应该予以重视，例如利用大量抽取地下水养殖、在内陆非盐碱地区域通过添加卤水或粗盐进行养殖等。众所周知，地下水是水资源的重要组成部分，由于水量稳定，水质好，是农业灌溉、工矿和城市的重要水源之一。它不仅与用水安全、区域土壤生产性能有关系，而且还与地质安全密切相关。地下水利用存在总量平衡问题，通常地下水域在地表上存在相应的补给区与排泄区。其中，补给区因地表水不断地渗入地下，地面常呈现干旱缺水状态；而在排泄区则由于地下水的流出，增加了地面的水量，呈现相对湿润的状态。如果盲目和过度开发，土壤的蓄排水性能受到严重影响，将可能造成整个区域的土壤生产性能大大降低。同时，还容易造成地下空洞、地层下陷等地质次生灾害。考虑到养殖产业的可持续发展及其与环境和谐共存等因素，对于完全依靠抽取地下水开展养殖，或在内陆非盐碱地区域通过添加卤水或粗盐进行养殖，生产规模应予以限制。对于河口区咸淡水养殖和盐碱地区域利用地表水养殖南美白对虾，鼓励采用环境友好型的健康养殖技术模式和质量保障型的标准化养殖技术，通过优化和改进原有养殖设施及技术，实施南美白对虾高产高效养殖，促进养殖户增收。在内陆非盐碱地区域养殖南美白对虾，养殖者应与育苗场进行充分沟通和无缝对接，要求把虾苗尽量淡化到完全适应淡水环境再进行养殖，避免因放苗前期添加卤水或粗盐对土壤环境造成潜在不良影响。

下面以河口区南美白对虾低盐度淡化养殖土池为例（图 3-50），进行养殖生产技术流程的介绍。

图 3-50　河口区南美白对虾低盐度淡化养殖土池

2. 低盐度淡化养殖的技术流程

（1）虾苗放养前的准备工作

①清理池塘及消毒除害。上一茬养殖收获后，将池内积水排干，平整池底，修补池堤，防止进排水口出现渗漏。如果池塘底部沉积的淤泥多，先暴晒 1 周左右，待池底无泥泞状时，利用机械将

底泥表层 10～20 厘米去除，修整、加固池塘堤基和进排水口。然后，在池塘中施入石灰、翻耕、暴晒 1～2 周，使池底晒成龟裂状。在放苗前 2～3 周先引少量水入池，使用适量生石灰、漂白粉、茶籽饼等杀灭杂鱼、杂虾、杂蟹、小贝类等，将药物溶于池水后均匀散布，确保池塘各处均彻底消毒。用茶籽饼或生石灰消毒后无须排掉残液，使用其他药物消毒的尽可能把药物残液排出池外。在养殖生产中可将清淤、翻耕、晒池、整池、消毒等工作结合起来，有利于提高工作效率。

②进水与水体消毒。河口地区在特定时期的水体盐度波动较大，进水前应先检测水源水质，在水质良好时进水，进水盐度应与虾苗场驯化南美白对虾虾苗的水体接近。利用潮汐纳水或水泵提水，于进水闸口或水泵出水管处安置孔径为 60～80 目的筛绢网。水源盐度确与虾苗所适应盐度存在差距的，可事先计算好放养或中间培养（标粗）虾苗所需水体体积，用海水、卤水或粗盐调节水体盐度。

将水位进到 1 米左右，养殖过程中根据池塘水质和对虾生长的状况逐渐添加新鲜水源直到满水位为止。对于水源供应受限、进水不便的池塘，也可一次性进水到满水位，养殖过程中实施封闭式管理，不排换水，仅适时添加少量新鲜水源补充水位。进水后使用漂白粉、溴氯海因、二氧化氯等水产常用消毒剂处理水体。消毒剂可直接化水全池泼洒，也可采用"挂袋"式的消毒方法。将进水闸口调节至合适大小，把消毒剂捆包于麻包袋中，放置在进水口处，水源流经"消毒袋"后再进入池塘，起到消毒的效果。

③放苗前优良水体环境的培育。水体消毒 2～3 天后，根据水源水质情况，先用有机酸或 3～5 毫克/升的乙二胺四乙酸二钠盐络合水体中的重金属离子，然后开启增氧机进行水体曝气。在放苗前 1 周左右，施用微藻营养素和芽孢杆菌等有益菌制剂，培养优良微藻藻相和有益菌菌相。采用粪肥"肥塘"的应先把肥料与石灰或芽孢杆菌等有益菌制剂充分发酵 1 周后再施用，施用时可配合一定量的氮磷无机肥，平衡水体营养，粪肥的用量不宜过多。在第一次

"施肥" 2～3 周后，再追施 1～2 次无机有机复合营养素和芽孢杆菌制剂，以免因微藻大量繁殖消耗水体营养，导致后续营养供给不足造成微藻衰亡。

（2）虾苗的放养

①虾苗的淡化与中间培养（标粗）。通常培育虾苗的水体盐度相对较高（10～30），但出苗可要求育苗场对虾苗进行盐度驯化，逐渐把水体盐度降低至 5～10。选购虾苗时按照前文所述方法对虾苗进行质量检验测试。经育苗场淡化的虾苗若仍无法适应养殖池水盐度条件，可于养殖池塘进一步实施"盐度渐降式"淡化，或在中间培养（标粗）过程中进行淡化处理。

可选择利用面积较小的池塘开展虾苗中间培养（标粗），到幼虾长到一定规格时再分疏到多个池塘养成。或在池边容易操作的地方，用不透水的塑料薄膜或编织布搭建围隔开展虾苗中间培养（标粗），围隔面积为池塘面积的 10%～15%，将虾苗放养于围隔中培养 20～30 天，到幼虾生长到体长 3～5 厘米时撤去围隔，使幼虾分散至整个池塘养成，有条件的最好在围隔内安置充气式增氧系统，保证水体溶解氧的供给。一般可把标粗和淡化两项工作结合进行，在放苗前先用适量的海水、盐卤水或海水晶（粗盐）对标粗水体盐度进行调节，使之与育苗水体相接近，然后再逐步添加新鲜淡水，直到与池塘水体盐度一致，到幼虾分疏养殖时已适应养殖水体的盐度条件。

②虾苗的放养。虾苗运输多采用特制的薄膜袋，装水 10～15 升，装苗 5 000～10 000 尾，袋内充满氧气，运输时间最好控制在 5～8 小时。如果虾苗场与养殖场距离较远需要长时间运输，装苗时可酌情把虾苗个体规格或苗袋装苗数量降低，或在运输过程中用冰块降温，保证虾苗经过长距离运输的成活率。虾苗运至养殖场后，先将密闭的虾苗袋放于池塘水体中漂浮 30 分钟，使虾苗袋的水温与池水温度相接近。同时，取少量虾苗放入虾苗网置于池水中"试水"20 分钟左右，观察虾苗的成活率和健康状况，确认无异常状况，再将漂浮的虾苗袋解开，在池中均匀放

苗。南美白对虾的放苗水温最好在 20℃以上，气温低于 20℃时需加盖温棚。根据近年来我国对虾养殖主产区的天气变化情况，在未搭建温棚的条件下，虾苗放养时间多选择在 4 月中下旬至 5 月中下旬。放苗应选择在天气晴好的清晨或傍晚，避免在气温高、太阳直晒、暴雨时放苗，应选择避风处放苗，避免在迎风处、浅水处放苗。通常，淡化养殖池塘放养南美白对虾虾苗密度为 4 万～6 万尾/亩，具体操作中需综合考虑水深、虾苗的规格与质量、增氧强度、商品对虾的目标产量及规格、养殖技术水平和生产管理水平等因素而定。

（3）科学投喂 在选择对虾饲料时应该优先考虑饲料的质量问题，其次才是价格因素，购买信誉好、规模大、技术服务好的品牌有利于保证饲料质量。饲料质量可包括以下几个方面：营养全面，满足南美白对虾健康生长的营养需要；产品质量符合国家相关质量、安全、卫生标准；饲料系数低、诱食性好；加工工艺规范，水中的稳定性好、颗粒紧密、光洁度高、粒径均一、粉末少。

开始投喂饲料的时间要根据放苗密度、饵料生物的数量以及虾苗规格等因素决定。如果水体中浮游生物数量丰富，可在放苗后 1 周开始投喂饲料，如果水体中浮游生物数量少，则应在放苗翌日开始投喂饲料。若放养的是经过中间培养（标粗）的虾苗，则应该在放苗当天开始投喂饲料。虾苗在中间培养（标粗）期间，可适当增加投喂一些虾片和丰年虫。

科学投喂饲料是保证养殖效益的一个重要因素，过多的投喂次数和投喂量不仅不能促进南美白对虾的生长，而且还会增加水体环境负担，提高养殖成本，不利于获得良好的养殖效益。一般淡化养殖南美白对虾的饲料投喂频率为每天 3 次，投喂时间为 7：00、11：00、18：00。根据池塘中南美白对虾的数量和规格大小，结合饲料包装袋上的投料参数确定饲料型号和投喂量。通常日投料量为池内存虾重量的 1%～2%，傍晚可按日投料量的 40%投喂，早上和中午各按 30%投喂。投喂饲料时应全池均匀泼洒，使池内南美白对虾均易于觅食。为观察南美白对虾的摄食情况，可在离池边3～5米且远离增氧机的地方安置2～3个饲料观察网，每次投喂饲料时在饲料网上放置约为当次投料量1%的饲料，投料后1～1.5小时进行检查，根据饲料网上的余料情况增减饲料量。此外，养殖过程中还应该根据养殖密度、天气情况、水质、南美白对虾健康状况等具体情况适量增减投喂量和投喂次数。一般在养殖前期多投，中后期"宁少勿多"；气温剧烈变化、暴风雨或连续阴雨天气时少投或不投，天气晴好时适当多投；水质恶化时不投；对虾大量蜕皮时不投，蜕皮后适当多投。

在养殖过程中，可适当选择一些添加了芽孢杆菌或中草药的功能饲料，也可自行利用芽孢杆菌、乳酸菌、酵母、维生素、中草药、免疫多糖和免疫蛋白等进行饲料拌喂，用以提高饲料利用率，增强养殖南美白对虾的抗病和抗逆能力，提升对虾健康水平。其中，芽孢杆菌、乳酸菌、酵母菌等有益菌制剂主要用于促进消化，降低饲料系数，抑制有害菌生长；维生素C、多维等维生素制剂有利于提高南美白对虾免疫力，促进正常的生长代谢；板蓝根、黄芪、大黄等中草药用于提高南美白对虾抗病力和抗应激能力，提高养殖成功率，还有一定的促生长作用。进行拌喂时，可先将制剂用少量的水溶解，然后均匀泼洒于要投喂的饲料上，搅拌均匀，也可少量添加一些海藻酸钠等黏附剂，然后自然风干30分钟左右即可使用。

（4）水环境管理

①全封闭与半封闭的水质管理。养殖前期实行全封闭养殖，放苗1个月内保持不添、换水。中后期为半封闭管理，中期逐渐添水至满水位，后期根据池塘水质变化、南美白对虾健康状况、水体藻相结构和密度，以及外界水源水质情况适当换水。为保持养殖水环境稳定，避免造成南美白对虾应激反应，所进水源应在蓄水池进行沉淀、消毒，并将盐度调节至与养殖水体接近后再引入池塘，每次添、换水量不宜过大。

②水体微生态调控。养殖过程中每隔7～15天定期施用1次芽

孢杆菌制剂，直到对虾养殖收获。含芽孢杆菌活菌量 10 亿个/克的菌剂，按水体为 1 米水深计算，放苗前的使用量为 1～2 千克/亩，养殖过程中每次用量为 0.5～1 千克/亩。当出现水质老化、溶解性有机物多、亚硝酸盐含量高、pH 过高等情况时使用乳酸杆菌制剂，含活菌 5 亿个/毫升的菌剂，按水体为 1 米水深计算，每次使用量为 2.5～3 千克/亩；如果水体水色浓、透明度低，可适当加大用量至 3.5～6 千克/亩。在水体出现微藻繁殖过量、氨氮过高、水质恶化和连续阴雨天气的情况下施用光合细菌菌剂，含光合细菌活菌 5 亿个/毫升的菌剂，按水体为 1 米水深计算，每次使用量为 2.5～3.5 千克/亩；若水质恶化变黑发臭，可连续使用 3 天，水色有所好转后隔 7～8 天再使用 1 次。养殖过程中除了施用有益菌制剂调控优良藻相外，还可适量施用无机营养素，促进微藻稳定生长。一般养殖前期水体营养相对缺乏，且饲料投喂量也少，微藻的营养盐供给不足，容易发生藻相衰落，相隔 1～2 周需追施微藻营养素补充水体营养促进微藻生长；在暴风雨或连续阴雨天气时，藻相容易发生更替，需提前增加水体营养稳定池塘藻相；当微藻过度繁殖后水中营养盐被大量消耗，及时补给微藻营养素，可防止池水老化和微藻大量衰亡，有利于维持藻相和水质的稳定。

一般养殖中期以后，每隔 7～10 天施用养殖底质改良剂，如沸石粉等，吸附水中过多的悬浮颗粒。另外，还可将有益菌制剂与理化型的水质、底质改良剂配合使用，起到良好的协同功效。例如，将芽孢杆菌、乳酸菌、光合细菌与沸石粉、白云石粉等吸附剂联合使用，有利于把有益菌沉降到池底，达到澄清水质、改良底质的效果。若遇到强降雨天气，pH 过低，可适量施用石灰水稳定水体环境，还可配合使用增氧剂，提高水体溶解氧含量，短时间内缓解水体缺氧压力。由于淡水中的钙、镁离子含量偏低，养殖中、后期南美白对虾蜕皮相对集中时，还需在饲料中添加和往池水中泼洒钙、镁离子制剂，以满足南美白对虾对钙、镁离子的需求。

③增氧机的使用。通常 1～3 亩的养殖面积配备 1 台功率为

0.75～1.5千瓦的水车式增氧机，具体配置数量和功率应该根据南美白对虾养殖密度合理安排。增氧机的开启一般为：养殖前期少开，养殖后期多开；气压低、阴雨天气时多开，夜晚至凌晨阶段及晴好天气光照强烈的午后均应该保证增氧机开启。

（5）虾池中鱼类的套养　根据不同地区水质情况可在南美白对虾养殖过程中套养少量的杂食性或肉食性鱼类，如罗非鱼、鲻、草鱼、革胡子鲇、黄鳍鲷等，用于清理池中有机碎屑和病死虾，起到优化水质环境和防控病害暴发的作用。

在虾池中放养罗非鱼可有效净化水体环境，提高南美白对虾养殖效益。其中，南美白对虾虾苗的放养密度为4万～6万尾/亩，个体体长为0.8～1厘米；罗非鱼放养密度为200～400尾/亩，罗非鱼的个体规格平均为5克以上。若水体年平均盐度小于5，还可同时每亩套养鳙50尾或鲢30尾。

套养一定量的草鱼和革胡子鲇，可防控养殖南美白对虾病害的暴发，增加一定的养殖效益。套养草鱼的可先放养南美白对虾虾苗4万～6万尾/亩，2～3周后南美白对虾生长到体长2～2.5厘米时再放养草鱼，草鱼个体规格为1千克左右，数量为每亩30～60尾，具体根据放养虾苗的密度适当调整。选择革胡子鲇进行套养时，鱼的投放数量须严格控制，不宜过量投放，按5万～10万尾/亩的密度先投放南美白对虾虾苗，2～3周后鲇对虾个体生长到体长2～2.5厘米时再放养革胡子鲇，革胡子鲇个体规格为400克左右，每亩的放养数量为50尾左右。考虑到革胡子鲇生性凶猛，能摄食一定数量的活虾，因此虾苗的放养数量可根据养殖设施条件适量增加。

（6）日常管理工作　养殖过程中应及时掌握养殖南美白对虾、水质、生产记录及后勤保障等方面的情况，每天做到早、中、晚3次巡塘检查。

①观察南美白对虾活动与分布情况。及时掌握南美白对虾摄食情况，在每次投喂饲料1小时后观察南美白对虾的肠胃饱满度及摄食饲料情况。养殖中后期不定期抛网估测池内存虾量，测定南美白

对虾的体长和体重，观察南美白对虾的身体状况。如果南美白对虾夜间易受惊吓（俗称"跳虾"），有可能是因为池塘底质环境恶化、南美白对虾密度过大、水中溶解氧含量不足；如果南美白对虾连续出现规律性的巡池游动，可能是池塘底部出现恶化，或者投喂饲料不足，南美白对虾巡池觅食；如果出现部分南美白对虾在水面浮游且肠道无饲料，肝胰腺发红、糜烂或萎缩，身体发红，有可能是患病了；如果大量南美白对虾在水面浮游，虾体并无异常状况，则说明池塘底质环境恶化、水体溶解氧含量严重不足。

②观察水质状况，每1～2周定期监测水体盐度、pH、水色、透明度、溶解氧、氨氮、亚硝酸盐、硫化氢等指标，有条件的还可定期取样观察水体中的微藻种类与数量，及时采取措施调节水质，稳定有益藻相，防止有害浮游生物大量生长。

③根据水质条件和南美白对虾健康状况，可适当使用二氧化氯、聚维酮碘等水体消毒剂和营养免疫调控剂，施用渔药时建立处方制度，严格实行安全用药的原则。

④观察进排水口是否漏水，检查增氧机、水泵及其他配套设施是否正常运作。

⑤饲料、药品做好仓库管理，进、出仓需登记，防止饲料、药品积仓。

做好养殖过程有关内容的记录（如放苗量、进排水、水色、施肥、发病、用药、投料、收虾等），整理成养殖日志，以便日后总结南美白对虾养殖的经验、教训，实施"反馈式"管理，建立对水产品质量可追溯制度，为提高养殖水平提供依据和参考。

四、简易小棚养殖模式与技术

小面积温棚养殖模式主要是以享誉全国的江苏如东小棚为代表的养殖模式。近十几年来，该模式在江苏如东及周边地区迅速发展，成为当地主要的南美白对虾养殖模式（图3-51）。

然而，随着该地区养殖面积的日益扩增，产量和规模不断扩

图 3-51 小面积温棚养殖

大，盲目追求高产和高效益、养殖环境破坏等严重影响产业可持续发展的问题突现。为加强养殖的有序管理、规范建设审批行为，推进如东地区南美白对虾养殖业向产业化、园区化、品牌化方向发展，促进南美白对虾生态养殖、健康发展和农村耕地、生态环境得到有效保护，从 2017 年开始，江苏省南通市如东县开展了南美白对虾规范养殖专项整治行动，强化当地耕地的保护、规范取排水行为。

1. 小面积温棚养殖模式的特点

如东地区的小面积温棚养殖模式具有池塘面积小、管理方便、水源质量好、避免不良气候影响、投入相对较少、效益较高等

119

特点。

（1）池塘面积小，管理方便　小面积温棚养殖由于池塘面积小，饵料的投喂、观察和控制比较方便，增氧均匀且充足，进、排水易调控，使得养殖管理更为便捷，不需要过多人力。

（2）水源质量好　该模式多以地下水为水源，进行长流水养殖。由于地下水中含有比例较高的 HCO_3^- 离子，缓冲力强，换水时可保持总碱度和 pH 比较稳定；地下水养殖避免了污染水源的流入，减少病原的交叉感染，为南美白对虾安全生长提供了有利的环境和条件。然而，地下水的大量使用也是该模式备受诟病的重要原因之一。

（3）避免不良气候影响　在长江中下游地区，每年 6—7 月的梅雨时节，持续多雨，空气湿度大、气温高，容易使养殖南美白对虾产生强应激，从而引起病害发生。利用小面积温棚养殖，可有效保持水质稳定，帮助对虾安全度过梅雨时节。此外，进入此时节，小棚虾开始上市，不会造成较大损失。

（4）投入相对较少，效益较高 小棚搭建简易，成本较低，每亩 1 万～1.2 万元。搭好的棚，一般可以用 2～3 年，可养 4～6茬，虽然初次投入成本较高，但是分摊下来每茬小棚养虾的成本相对较低。如果养殖顺利的话，一茬养殖的效益就可以收回成本。

2. 小面积温棚养殖的技术流程

（1）养殖时间　一般一年养殖两茬，第一茬的养殖时间主要为3—6 月，第二茬为 8—12 月。第一茬较露天池塘提前进苗，提前出塘，以快为主；第二茬以慢为主，推迟出塘时间。这样可错开露天池塘售虾高峰期，提高成虾销售价格。

（2）池塘类型、池塘面积等情况　常见小面积温棚养殖的池塘面积在 320～600 米² ，所搭小棚长 40～60 米，宽 8～10 米，塘深0.7～1.2 米，池壁铺设塑料薄膜，池底为土质或沙质。池塘中间架设宽约 20 厘米的水泥板过道。南美白对虾池塘搭建小棚，棚高约 1.8 米，用弧形钢筋或毛竹搭成，春季或入秋后在棚外覆盖塑料薄膜（图 3-52）。

图 3-52　小面积温棚内景

以增氧的功率计算，每个小棚按 1~2 千瓦配备，池中每 2 米²左右放置纳米增氧管 1 个或微孔管做成的曝气盘 1 个。同时，保证配电设备和发电机组配套齐全。条件允许的应设置蓄水池，以方便将刚抽取的地下水进行曝气处理。

（3）放苗时间、放苗密度　第一茬虾可分两批放，有配套锅炉加温的池塘在 2 月中旬开始放苗，一直持续至 3 月初；无锅炉加温条件的放苗晚些，具体时间为 3 月下旬至 4 月下旬。第一茬养殖尽可能早收获，放苗密度稍低，放苗密度为 6.5 万~8.0 万尾/亩。第二茬虾的放苗时间集中在 7 月中旬至 9 月初，放苗密度略增，7.0 万~8.5 万尾/亩。

（4）养殖管理操作

①放苗前准备。放苗前十几天开始进水 40~50 厘米，进水完成后进行池塘和水体消毒，一般一个小棚用漂白粉 25 千克（图 3-53）。消毒后打开增氧机进行充分曝气，消毒 5~7 天后使用硫代硫酸钠中和余氯，用量为 1.5~2 千克/棚。

水体余氯消失后进行解毒，解毒完成后开始"做水"，即培养水体中的有益藻类和微生物菌群。新挖池塘使用芽孢杆菌与有机无机复合营养素，养殖多茬的池塘使用芽孢杆菌与氨基酸营养素。

121

图 3-53　池塘消毒

②放养虾苗。待水温能稳定在 20℃以上时方可进行虾苗的放养工作。计划放苗的前一天，检测水体的余氯、盐度、pH、氨氮等理化指标，并从育苗场拿虾苗的样本进行试水，若试水顺利并且各项指标检测合格（即余氯、氨氮最好不检出，盐度与育苗场水体的盐度接近，pH 在 7.8～8.6），则可以按照计划放养虾苗。在放养虾苗的同时，向水中施用维生素、葡萄糖等抗应激的养殖投入品。

③饲养管理。虾苗放养当天或隔天开始投喂配合饲料，开始时每天每 1 万尾苗投喂粉料 20～50 克，然后逐渐增加，至虾能摄食完饲料观察网上的饲料后，饲料的投喂量以跟踪饲料观察网摄食情况为准。养殖初期一般一天投喂 2 次，养殖中期开始一天投喂 3 次，以 1.5～2 小时内摄食完饲料观察网中的饲料为正常。

在养殖的不同阶段和南美白对虾健康度不同的情况下，适时拌料投喂中草药、有益菌、免疫多糖、维生素等饲料添加剂。当天气转变、多雨、闷热、水质恶劣等情况发生时，及时减少饲料的投喂。

④水质调控。养殖过程中，水质的调控主要使用有益微生物制剂，常规使用的产品为芽孢杆菌、乳酸菌和光合细菌，部分养殖户也会使用噬弧菌抑制水体中弧菌的繁殖。养殖前期，由于水质清瘦，在水体中泼洒氨基酸、肥水膏等藻类营养素来促进有益藻类的繁殖。养殖中后期，根据池塘底质的恶化状况使用底质改良剂制品。除此之外，解毒类产品使用也较为普遍，添加地下水、阴雨天气、藻类生长不良等情况下均有使用。

3. 存在的问题和应注意的事项

2022年江苏省南通市如东县印发的《关于如东县南美白对虾养殖污染规范整治的工作方案》中，提出全面落实深入打好污染防治攻坚战和水质达标决战年工作要求，切实整治如东县水产养殖中存在的尾水污染问题，重点解决南美白对虾养殖污染规范整治工作不彻底，环境污染问题依然突出，切实保护生态环境，促进水产养殖业健康、绿色、和谐发展。

全县做到"五个严禁，一个确保"，即：严禁新增南美白对虾养殖、严禁非法取用地下水、严禁使用违规加热设备、严禁养殖尾水违规直排、严禁违法违规用海养殖，确保彻底整改到位。

因此，在当地发展南美白对虾养殖的同时，首先应满足上述基本原则。此外，小面积温棚养殖还应注意小池管理难度较大、受水源条件限制大、受土壤条件制约多等诸多问题。鉴于目前的情况，后续将优化提升该种养殖模式和养殖技术。

五、工厂化养殖模式与技术

1. 工厂化全封闭循环水养殖模式的特点

对虾工厂化养殖主要有流水养殖、半封闭循环水养殖和全封闭循环水养殖等3种模式。目前，我国以流水养殖、半封闭循环水养殖为主，这两种养殖模式的循环水处理设施配置相对不足，水资源利用效率和生产能耗控制方面均有待技术改良。相比之下，全封闭循环水养殖模式水处理设施完善，可有效提高水资源利用效率。在本节的后续内容中将主要介绍工厂化全封闭循环水养殖模式。

对虾工厂化全封闭循环水养殖是设施渔业的重要组成部分之一，其是在人工控制条件下，应用设施渔业的现代化技术手段，在有限水体内进行对虾高密度养殖的一种环境友好型生产方式。对虾工厂化全封闭循环水养殖因其占地少、产量高、效益好，相比传统养虾方式，可避免传统养虾方式带来的病害和环境污染等问题。工厂化全封闭循环水养殖依托一定的养殖工程和水处理设施，按工艺流程的连续性和流水作业性的原则，在生产中运用机械、电气、化学、生物及自动化等现代化措施，对水质、水流、溶解氧、饲料等各方面实行全人工控制，为养殖生物提供适宜生长环境条件，实现高产、高效养殖的目的。

2. 工厂化全封闭循环水养殖系统的结构

（1）养殖水处理系统

①过滤系统。主要是利用物理过滤法清除悬浮于水体中的颗粒性有机物及浮游生物、微生物等。可采用沙滤、网滤、特定过滤器等方式过滤。在沙石资源丰富的地区一般采用二级沙滤，即可把水体中的颗粒性物质基本过滤干净；网滤时网目的大小可具体根据水质情况及实际生产的需要而定；也有的养殖者将网滤和沙滤相结合，再利用其他过滤介质形成石英砂、珊瑚砂过滤，麦饭石、沸石与珊瑚混合滤料过滤。有的还在滤料中添加一些多孔固相的吸附剂对水体加以净化，如活性炭、硅胶、沸石等。有报道指出，利用活性炭吸附养殖水体中的有机物，最大吸附率可达82%，有的吸附剂甚至可有效去除水体中的一些重金属离子。

在一些机械化较高的工厂化全封闭循环水养殖系统中，研究者把上述过滤介质与机电设备加以有机结合，并辅以一些附件设施组成固定筛过滤器、旋转筛过滤器及自动清洗过滤器等高效高价的新型过滤器。这些过滤器能有效地对养殖水体进行连续性、高通量的过滤处理。

②消毒系统。在高密度的养殖条件下，水质会变得相对较差，水体中除了存在一些理化性的致病因子外，还具有相当数量的致病菌、条件致病菌。这不仅会大量消耗水体中的溶解氧，而且还会对养殖南美白对虾产生严重的负面影响。因此，在南美白对虾工厂化全封闭循环水养殖系统中一般还会配备消毒系统，利用物理、化学的措施减少致病因子对南美白对虾的影响。

a. 紫外线消毒器。紫外线对致病微生物具有高效、广谱的杀灭能力，且所需的消毒时间短，不会产生负面影响。紫外线能穿透致病菌的细胞膜，使得其核蛋白结构发生变化，还可破坏其 DNA 的分子结构，影响其繁殖能力从而达到灭菌的效果。一般会将柱状紫外灯管置于水道系统中，以 230～270 纳米波长的紫外线照射流经水道的水体，照射厚度控制在 20 毫米内，时间大于 10 秒，照射量为 10（毫伏·秒）/毫米。

b. 臭氧发生器。臭氧发生器主要是依靠所产生的臭氧对水体灭菌消毒。臭氧具有强烈的氧化能力，能迅速令细胞壁、细胞膜中的蛋白质外壳和其中的一些脂类物质氧化变性，破坏致病菌的细胞结构。此外，还可氧化水体中的一些耗氧物质，使化学需氧量、亚硝酸盐、氨氮的负面影响降低到较低程度。

c. 化学消毒器。化学消毒器中一般会使用漂白粉、次氯酸钠、季铵碘等氧化性介质，利用氧化作用对养殖水体进行消毒。介质的用量要视养殖水体的具体情况而定。

虽然当前所使用的消毒器种类不少，但笔者认为还是应该根据养殖水体的具体情况选用合适的消毒器。相对而言，紫外线消毒器的消毒效果可能不如后两者的效率高，但其副作用小，安全性较好；化学消毒器的消毒效果虽好，但如果使用不当可能会对养殖水体造成二次污染，如含氯消毒剂的使用量过大，将导致水体中存在残留余氯，这对南美白对虾的健康生长将产生不良影响；至于利用臭氧消毒，则应合理把握好水体中的臭氧含量，经消毒后的水体不能立即进入养殖系统中，而应曝气一段时间使水体中的臭氧浓度降低到一个安全范围时再行使用。

③增氧系统。增氧系统是对虾工厂化全封闭循环水养殖中核心组成部分之一。在面积较大的养殖池内可装配适量的水车式和水下小叶轮式增氧机。该种增氧机增氧效率高、使用方便，既可使养殖水体流动，又可起到增氧的效果，可在水质调节池、二三级南美白对虾养殖池中使用。中小型养殖池可装备罗茨鼓风机、漩涡式充气机增氧。漩涡式充气机供氧具有较好的平稳性，具有动水及增氧的双重效果。一般要求供气量达到养殖水体的 0.5%～1.0%。

在高溶解氧的水质条件下更有利于养殖动物的生长繁殖，因此近年来一些新的增氧设施也在高密度的工厂化全封闭循环水养殖中加以应用。如纯氧、液氧、臭氧等发生装置及一些高效气水混合设施也逐渐配备在增氧系统中。该项技术的使用可使水体溶解氧达到饱和或过饱和状态，提高水体中氧气的溶解率。

④增温系统。在温度较低的季节和地区一般会配备一套增温系统以确保养殖生产不受温度条件的限制。较常使用的是锅炉管道加热系统、电热管（棒）系统，在条件允许的地区还可充分利用太阳能、地热水等天然热源。这样既可有效利用天然资源进行多茬养殖，降低能源消耗成本，又可达到清洁生产的目的，降低养殖过程中对水质环境、大气环境产生的负面影响。可根据不同养殖地区的气候、水文等自然条件，充分利用各自的天然优势，合理设计与应用控温系统，降低能耗，减小工厂化全封闭循环水养殖的能源成本和环境成本，确保养殖生产全年顺利开展。

（2）养殖尾水处理系统　南美白对虾工厂化全封闭循环水养殖不仅要实现高产、高效的生产目的，而且还要利用一系列综合措施对养殖过程中产生的尾水进行处理，以解决工厂化全封闭循环水养殖给环境带来负面影响的问题。因此，尾水处理系统在工厂化全封闭循环水养殖系统中具有重要作用。由于在养殖过程所产生的尾水中存在大量颗粒物，如氨氮、亚硝酸盐等可溶性有害物质，故在尾水处理过程中应用物理、化学、生物等手段，针对不同形式污染源进行处理。

①沉淀。对养殖尾水中含有的虾壳、对虾残体及排泄物、残

饵、水质改良剂等大颗粒物质可在暗室沉淀池中沉淀处理，使上述物质得以沉降至池底。有的系统中会引入旋转分离器，令水体旋转产生向心力从而把颗粒性物质集中于水池中央，然后通过中央排污的方式收集含固性养殖尾水进行无害化处理。沉淀处理一般可将粒径大于100微米的颗粒物去除，而具体的沉淀时间则要视养殖尾水中大型颗粒物的数量而定。

②泡沫分离。对于悬浮态的细微颗粒污染物可应用气浮的方法进行泡沫分离。泡沫分离器可设计为圆筒状或迂回管状，将气体注入其中产生大量气泡，气泡产生的表面张力将尾水中的溶解态、悬浮态的有机污染物吸附其上，并随着上升作用把污物举出水面形成泡沫，再由顶部的泡沫收集器进行收集，最后做无害化处理。有研究表明，该项技术聚集污物的含固率可达3.9%。此外，该技术不但能有效去处悬浮态的有机污染物，而且还可向水体中注入一定的氧气，以助水体中耗氧物质的氧化，若要增强氧化效果，还可在所注入的气体中添加臭氧。

③生物净化。养殖过程中投入的饵料及对虾残体、排泄物直接导致尾水中氨氮、亚硝酸盐、磷酸盐等物质大量存在。生物净化主要是利用微生物，如芽孢杆菌、光合细菌、硝化菌、反硝化菌等吸收、降解水体中的有机质和氮、磷营养盐。在应用微生物技术净化养殖尾水时一般会把微生物进行固定化处理，把菌种固定于一个适宜生长、繁殖的固体环境中，使之形成生物膜、生物转盘、生物滤器、生物床等，以提高生物量、增强微生物活性，从而达到快速、高效降解尾水中的有机质、氨氮、亚硝酸盐、磷酸盐等污染物的目的。

④排污系统。为了防止生物滤器堵塞及大颗粒悬浮物破碎成超细悬浮颗粒，系统采用养殖池双排水设计，并结合颗粒收集器、沉淀装置及机械过滤器3种水处理装置，使悬浮颗粒物能及时排出养殖池，并通过沉淀、过滤等方式得以去除，降低其他水处理设备的负荷。

（3）水质监测系统　　目前，较先进的循环水养殖场均采用了自动化监控装备，通过收集、分析有关养殖水质和环境参数，如溶解氧、pH、温度、氨氮、水位、流速和光照周期等，结合相应的报警和应急处理系统，对水质和养殖环境进行有效的实时监控，使循环水养殖水质和环境稳定可靠。因南美白对虾养殖的规格变化，养殖系统中各模块运作的独立性，再加上养殖水质指标变化的渐变性，决定了水质检测点分散、检测时限宽的特点。因此，有的因南美白对虾工厂化全封闭循环水养殖系统中会配置自动采样检测的多参数检测系统，通过对管路内水体的水质参数检测，实现养殖系统内的自动巡测、循环或阶段性检测。有的简易式养殖系统为降低建设成本，也可采用人工阶段性水质采样跟踪的方法，对养殖系统中各模块进、出水的水质参数进行检测，根据既定的水质参数参考规范及时对整个工厂化全封闭循环水养殖系统进行合理调节，以达到平稳、高效的生产目的。

3. 工厂化全封闭循环水养殖的技术流程

（1）设施设备准备　主要包含蓄水池、养殖池、水循环处理设备和尾水处理池等 4 部分。清整好养殖池，蓄水池开始进水，调试好各水循环处理设备以及尾水处理池。

（2）养殖水体消毒　在蓄水池中对水体进行消毒，按每立方米水体施入漂白粉（有效氯含量 25％以上）10～20 克，充分消毒 6 小时后，泵入养殖池使用。或在蓄水池和养殖池之间设置紫外线消毒器或臭氧发生器，对进入养殖池的水体进行消毒灭菌处理。

（3）虾苗选择和放养　选择健康无病、活力强的南美白对虾虾苗。肉眼观察，健康虾苗群体发育整齐，肌肉饱满透明，附肢中色素正常，胃肠充满食物，游动活泼，逆游能力强，无外部寄生物及附着污物。虾苗个体 1 厘米左右。从异地购入苗种时应进行检疫，严防病原传播。

放苗时注意苗种运输水与暂养池水的温度、盐度、pH 指标变化，严格控制温差在 1℃、盐度差在 2 以内，24 小时温差在 3℃、盐度差在 3 以内。

虾苗至养成，可采用二阶段分级方法进行养殖。一阶段为暂养标粗，养殖 30 天左右，虾苗生长达到 3～4 厘米后分苗，进入养成阶段。根据预计收获南美白对虾规格及水处理能力确定各阶段放养密度，一般标粗阶段放养密度3 000～5 000尾/米^{2}为宜，养成阶段放养密度 300～800 尾/米^{2}为宜。

（4）饲料与投喂

①饲料要求。选用优质人工配合饲料，其营养成分及加工工艺过程必须符合国家所颁布的《对虾配合饲料》（SC/T 2002—2002）的标准要求。根据养殖南美白对虾的不同生长阶段，投喂适宜规格的饲料。

②投饲量。南美白对虾日投饲量依据其生长、摄食，以及水质状况而定。标苗期，日投饲量为虾体重的 12%～20%；养成期（虾体长＞3 厘米），日投饲量为虾体重的 3%～12%。

③投喂方法。沿池边均匀泼洒投喂，每天 4～6 次；或采用自动投料机自动投喂。

（5）水质管理

①主要养殖水质指标参考值。溶解氧≥5 毫克/升，pH7.0～8.5，总碱度≥120 毫克/升，氨氮≤0.5 毫克/升，亚硝酸盐≤1.0 毫克/升，弧菌≤5 000 CFU/毫升。

②调控措施。

培养生物膜：循环水处理系统启动前 15～30 天，通过人工定向接种上一茬养殖尾水或硝化细菌的方式促使生物膜快速形成。养殖过程中需按时监测温度、盐度、pH、溶解氧、氨氮、亚硝酸盐、硝酸盐等相关水质指标，并控制在适宜范围内。

调节循环量：系统的水循环次数控制在 4～7 次/天为宜。随着投饵量增加，系统负荷逐渐加大，需根据养殖水体的氨氮、亚硝酸盐、悬浮固体颗粒等指标变化增加循环量以保证良好水质。

抑制病原菌：适量添加微生态制剂和有益微藻来改善水质，促进水体中可溶性有机物的转化利用，抑制弧菌等病原微生物增殖，促进对虾生长。

增加供氧量：养殖后期南美白对虾的溶解氧消耗量逐步增加，可采取加大纯氧供给量的措施提高养殖水体氧饱和度，给南美白对虾创造良好的生长环境。

排污换水：每天排污换水量控制在5％以内。投喂饲料前进行人工排污，排出养殖池内的残饵粪便，定期清除微滤机等过滤的固体颗粒物。同时，及时补充因排污和蒸发损失的水分。

（6）日常管理

①经常检查设施设备是否正常运行。注意用电安全，检查用电线路安全。

②观察南美白对虾日常活动情况，检查饲料观察网上饲料残余情况，做好相关记录。

③定期检测各池水温、盐度、pH、总碱度、溶解氧、氨氮、亚硝酸盐等水质指标，发现异常，立即采取应对措施，并做好记录。

④发现异常的虾或病、死虾，要及时捞出深埋，并查清原因，采取相应措施。

（7）养殖排放水处理

①养殖水排放前必须先经过水质净化处理，以免污染周围环境。

②养殖水排放处理主要采用物理和生物法。物理法主要是通过沉淀和过滤，去除有机颗粒物；生物法是使用微生物制剂、微藻以及贝类等来降解、吸收水中的溶解性营养盐，使养殖排放水得到净化后才可排放。

（8）养成收获　当虾体规格达到11厘米以上时，可起捕活虾上市。收获时间可视南美白对虾规格、市场价格以及养殖情况而定。

4. 存在的问题

南美白对虾工厂化全封闭循环水养殖模式虽然水处理设施完善，可有效提高水资源利用效率，但因其前期投入成本高、运行能耗大、技术要求高，其发展在一定程度上受社会、经济等各方面相关因素的制约，所以目前在我国并未实现规模化应用推广。

第三节 南美白对虾营养与饲料

　　对虾的健康状况与其免疫系统的功能有密切关系，对虾机体免疫力受遗传生长阶段、营养和各种应激等因素的影响，其中营养是一个重要因素。对虾营养与免疫有着密切关系，饲料中营养不足或不平衡都可能对免疫功能产生不利影响，同时水产动物的健康状况又反过来影响营养物质的消化吸收。饲料中重要的营养物质包括蛋白质、脂肪、糖类、维生素和矿物元素等。营养物质种类与数量不仅影响水产动物的生长发育与繁殖，而且还影响其免疫功能、抗逆能力与健康状况。优质的对虾人工配合饲料的研制，可以保障对虾的营养需求，满足其生长和发育的需要，增强机体的免疫力，提高抗逆抗病力，促进健康生长。南美白对虾营养与免疫的关系，对饲料工业和养殖业的技术升级具有现实指导意义，对对虾绿色产品生产的可持续发展也将产生积极影响。

一、南美白对虾的基本营养需求

1. 蛋白质

　　南美白对虾的生长主要是指依靠蛋白质在体内构成组织和器官。蛋白质的生理功能如下：①供体组织蛋白质更新、修复以及维持体蛋白质现状；②用于生长（体蛋白质的增加）；③作为部分能量来源；④组成机体各种激素和酶类等具有特殊生物学功能的物质等。

　　南美白对虾对蛋白质的需要量比较高，从饲料中摄取蛋白质后，在消化道中经消化分解成氨基酸后被吸收利用。对南美白对虾蛋白质需要量的研究较多，但由于研究材料（饲料蛋白源）与环境（盐度、温度等）的不同，不同学者得出的结果有所不同。总体来说，南美白对虾幼虾的蛋白质需求为 30%～45%（表 3-8），中成虾蛋白质需求一般比幼虾低 2%左右。南美白对虾对饲料蛋白质的需要量与蛋白质的品质以及饲料中的能量紧密相关。蛋白质的品质主要决定于氨基酸组成和蛋白质的消化率，表 3-9 中列举了南美白对虾对不同饲料原料的表观消化率。

表 3-8　南美白对虾幼虾的蛋白质需求

蛋白质需求量	资料来源
25%～33%	Velasco 等（1998）
42.37%～44.12%	李广丽等（2001）
26.7%（盐度 2）	黄凯等（2003）
33%（盐度 28）	
36.10%	刘立鹤等（2003）

表 3-9　南美白对虾对不同饲料原料的表观消化率（%）

成分	面筋	大豆蛋白	大豆粕	鱼粉	虾粉	乌贼粉
蛋白质	98.0	96.4	89.9	80.7	74.6	79.7
干物质	85.4	84.1	55.9	64.3	56.8	68.9
精氨酸	98.1	97.5	91.4	81.0	81.8	79.4
赖氨酸	96.7	97.5	91.5	83.1	85.7	78.6
亮氨酸	98.5	96.7	88.4	80.7	82.1	79.4
异亮氨酸	98.3	96.8	90.2	80.4	81.6	77.2
苏氨酸	97.2	95.3	89.3	80.6	83.7	79.7
缬氨酸	98.1	96.4	87.9	79.4	79.0	79.3
组氨酸	98.1	96.7	86.3	79.0	75.4	73.6
苯丙氨酸	98.7	96.6	89.6	79.1	75.6	74.1
谷氨酸	99.2	97.7	91.9	82.4	82.0	82.2
天冬氨酸	96.0	97.2	92.2	8.06	78.6	83.2
甘氨酸	97.3	95.8	87.0	82.2	80.3	80.4
脯氨酸	99.1	97.2	89.1	84.1	78.8	78.5
丝氨酸	98.0	96.4	88.5	81.6	78.0	77.2

（续）

成分	面筋	大豆蛋白	大豆粕	鱼粉	虾粉	乌贼粉
酪氨酸	98.3	97.1	91.1	78.4	76.7	73.5
丙氨酸	94.1	94.1	85.9	81.4	55.4	77.0

资料来源：Akiyama et al.，1989。

南美白对虾饲料中 3 种限制性氨基酸——赖氨酸、精氨酸、蛋氨酸的重要程度为赖氨酸＞蛋氨酸＞精氨酸，赖氨酸是第一限制性氨基酸。对南美白对虾赖氨酸最低需要量的研究表明，在蛋白质含量分别为 35% 和 45% 的饲料中，赖氨酸最低需要量分别为 1.82% 和 2.10%。一般认为，与自然界动物体的必需氨基酸组成相近似的饲料即为该动物的最适饲料，南美白对虾肌肉中赖氨酸和蛋氨酸的含量分别约为 3% 和 1.1%。综合考虑南美白对虾放养密度以及预期产量等因素，南美白对虾饲料中赖氨酸和蛋氨酸的含量应分别不低于 2.5% 和 0.9%，二者的比例关系在 2.5∶1。只有当饲料中必需氨基酸的含量满足了南美白对虾的需要，南美白对虾才能获得正常的摄食量和生长。鱼粉所含的氨基酸与动物组织的氨基酸组成近似，氨基酸平衡性好，是水生动物饲料的主要蛋白源。鱼粉蛋白源被部分或全部替代势必导致水生动物饲料氨基酸的缺乏。在南美白对虾饲料研究和生产上，考虑饲料成本和氨基酸平衡，通常要加入单体氨基酸，但添加的晶体氨基酸会间接影响水产动物对蛋白质降解氨基酸的吸收。由于幼虾和成虾不能有效利用饲料中的游离氨基酸，添加游离氨基酸不能起到良好效果，在配制饲料时必须注意原料中氨基酸组成的比例，同时考虑所添加氨基酸的剂型，通常采用微胶囊和二次包膜对晶体氨基酸进行前处理，能解决养分滤出和吸收过快的问题。

2. 糖类

对虾生长所需的糖类主要来自植物性饲料，有些营养价值高、易消化，有些不易消化，甚至是有毒害的。糖类的生理功能包括：①对虾体组织细胞的组成成分；②提供能量；③合成体脂的重要原料；④为合成非必需氨基酸提供碳架；⑤改善饲料蛋白质的利用等。

在对虾饲料生产过程中，原料都要经过制粒前的高温调质处理使淀粉充分糊化，这样既提高了糖类的利用率，同时又起到黏结作用，提高了颗粒在水中的稳定性。相比较而言，糖类是廉价的能源。南美白对虾体内虽然存在不同活性的淀粉酶、几丁质分解酶和纤维素酶等，具有直接消化利用糖类的能力，但饲料中糖类含量过高时，会对南美白对虾的生长产生不利影响，饲料中糖类的适宜含量为 20%～30%。

在对 5 种来源于不同谷类的淀粉的研究中，促进南美白对虾生长的顺序为：小麦淀粉＞大米淀粉＞玉米淀粉＞高粱淀粉＞小米淀粉。南美白对虾对不同种类淀粉的消化率也不一样，几种淀粉的消化率从高到低的顺序为：胶状变性玉米淀粉＞胶状玉米淀粉＞胶状马铃薯淀粉＞小麦淀粉＞变性玉米淀粉＞玉米淀粉＞马铃薯淀粉。

在对南美白对虾对不同糖类物质的利用率及不同糖类促生长效果的进行比较后发现，饲料中添加葡萄糖会使对虾生长速度下降，而添加淀粉不会有此负面影响。南美白对虾对葡萄糖利用率低可能是单糖穿过消化管的速率快，淀粉等多糖则需要酶的水解作用，穿过消化管的速率慢，缓慢释放的糖利用率高于迅速释放的糖；也有可能是南美白对虾肠中的葡萄糖抑制了氨基酸的正常吸收。

3. 脂肪

脂肪广泛存在于动植物组织，是对虾生长发育过程中所需的重要物质。脂肪的生理功能包括：①组织细胞的组成成分；②提供能量；③有助于脂溶性维生素的吸收；④提供必需脂肪酸；⑤提高饲料蛋白质利用率等。饲料中脂肪缺乏或含量不足，可导致饲料蛋白质利用率下降，虾类代谢紊乱，还可能导致脂溶性维生素和必需脂肪酸缺乏症。对虾体内脂肪代谢能力较弱，过多的脂肪会影响对虾正常生长。

脂肪中的亚油酸（$C_{18:2n-6}$）、亚麻酸（$C_{18:3n-3}$）、二十碳五烯

酸（$C_{20:5n-3}$）、二十二碳六烯酸（$C_{22:6n-3}$）是南美白对虾的必需脂肪酸，后两种高度不饱和脂肪酸（HUFA）对南美白对虾生长、存活以及饲料转化率非常重要。南美白对虾对脂肪的需要量还不明确，一般认为以 $6\%\sim7.5\%$ 为宜，建议的最高水平为 10%。采用不同种类的脂肪，对虾养殖效果不同，原因是脂肪酸组成的差异。甲壳类动物体内不能合成固醇类物质，固醇类物质是对虾的必需物质，必须由饲料提供。饲料中添加胆固醇对南美白对虾有显著的促进生长和提高成活率的作用，饲料中一般可添加 $0.5\%\sim1.0\%$。

对虾在孵化后的快速生长过程中，需要充足的磷脂来构筑体细胞，而对虾幼体将脂肪酸或甘油二酯转化成磷脂的能力十分有限，因此当磷脂的生物合成不能满足对虾的需求时，必须在饲料中添加磷脂。一般认为，南美白对虾饲料中磷脂的添加量以 $1\%\sim2\%$ 为宜。

4. 维生素

维生素是维持动物健康、促进动物生长发育所必需的一类低分子有机化合物，具有动物体内含量少、多数维生素必须由饲料提供等特殊的性质。

维生素分为两大类。脂溶性维生素包括维生素 A、维生素 D、维生素 E、维生素 K；水溶性维生素包括 B 族维生素、维生素 C。各类维生素均有各自的生理功能（表 3 - 10、表 3 - 11），南美白对虾幼体饵料中各种维生素的推荐量见表 3 - 12。

表 3 - 10　脂溶性维生素的生理功能

种类	生理功能
维生素 A	维持视觉细胞的感光功能；维持上皮细胞的完整性；维持正常的繁殖机能；维持骨骼正常发育；促进机体的生长发育；增强动物免疫功能
维生素 D	提高血浆中钙、磷水平，维持骨骼的正常矿化，具有免疫功能
维生素 E	抗氧化功能；免疫功能；参与机体能量及物质代谢；提高繁殖机能、促进生长发育；改善肉质品质
维生素 K	催化肝中凝血酶原和凝血活素的合成；参与蛋白质、多肽的代谢；具有利尿、强化肝脏解毒、降低血压的功能

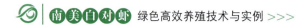

表 3 - 11　水溶性维生素的生理功能

种类	生理功能
维生素 B_1（硫胺素）	参与糖的中间代谢；维持神经组织及心肌的正常功能；调节胆碱酯酶的活性；参与氨基酸代谢
维生素 B_2（核黄素）	以辅基的形式参与谷胱甘肽还原酶的合成；增强黄素酶的活性；有利于维生素 C 的生物合成，增加动物对铁的吸收和利用，强化肝的解毒功能
维生素 B_4（胆碱）	使神经刺激得到传递，防止脂肪肝
维生素 B_3（泛酸）	参与脂肪酸、胆固醇及固醇类的合成和脂肪酸、丙酮酸等物质的酰基化；刺激动物体内的抗体形成，提高动物对病原体的抵抗力
维生素 B_5（烟酸）	参与糖类、脂肪、蛋白质的代谢；作为辅酶Ⅰ和Ⅱ的组成部分
维生素 B_6（吡哆醇、醛、胺）	构成转氨酶和脱羧酶系统的辅酶；与神经系统的正常功能有关；增强免疫功能
维生素 B_7（生物素）	参与糖类与蛋白质的互变以及糖类、蛋白质向脂肪的转化；参与溶菌酶活化并与皮脂腺功能有关
维生素 B_{11}（叶酸）	细胞形成、核酸的生物合成中所必需的营养物质；构成叶酸辅酶；维持免疫系统正常功能
维生素 B_{12}（氰钴素）	促进 DNA 以及蛋白质的生物合成，促进一些氨基酸的合成
维生素 C（抗坏血酸）	促进体内物质的氧化还原反应，增强机体解毒及抗病能力，保护精子免受氧化作用的损害

表 3 - 12　南美白对虾幼体饵料中各种维生素的推荐用量

维生素	用量	维生素	用量
硫胺素（毫克/千克）	50	胆碱（毫克/千克）	400
核黄素（毫克/千克）	40	泛酸（毫克/千克）	90～120
维生素 B_6（毫克/千克）	80～100	维生素 C（毫克/千克）	1 000
维生素 B_{12}（毫克/千克）	0.1	维生素 A（国际单位/千克）	10 000
烟酸（毫克/千克）	200	维生素 D（国际单位/千克）	5 000

（续）

维生素	用量	维生素	用量
生物素（毫克/千克）	1	维生素 E（毫克/千克）	99
叶酸（毫克/千克）	10	维生素 K（毫克/千克）	5
肌醇（毫克/千克）	300		

资料来源：杨奇慧等，2005。

5. 矿物元素

矿物元素是甲壳动物外骨骼结构的必要成分，在渗透调节和 pH 调控中起关键作用。矿物元素的营养生理功能包括：①构成动物体组织的重要成分；②参与酶组成及其活性的调节；③在维持体液渗透压恒定和酸碱平衡上起着重要作用；④是维持神经和肌肉正常功能所必需的物质等。

虾类可直接从海水中吸收矿物元素，海水养殖与咸淡水养殖的南美白对虾，其对饲料中的矿物元素需求有较大差别。南美白对虾矿物元素的需要量见表 3-13。

表 3-13　南美白对虾矿物元素的需要量

矿物元素	南美白对虾	资料来源
Ca	非必需	
P	0.35（0%Ca）	Davis 等，1993
	0.5~1.0（1%Ca）	
	1.0~2.0（2%Ca）	
Fe	12（毫克/千克）	
Cu	16~32（毫克/千克）	
Se	0.2~0.4（毫克/千克）	
Zn	32（毫克/千克）	
Mg	0.12%	Davis 和 Lawrence，1997
Co	5（毫克/千克）	董晓慧等，2006

南美白对虾对各种矿物元素的需要量甚微，加之水体中存在一定的矿物元素，因此饲料中矿物元素的适宜添加量应根据养殖环境的不同而变化，饲料中矿物元素添加量过大，不仅会引起对虾慢性中毒，污染水环境，而且会在虾体通过富集作用而危害人体健康，因此饲料中添加矿物元素必须慎重，选用利用率高的剂型。

二、南美白对虾的人工配合饲料

1. 基本原料

南美白对虾人工配合饲料中的主要原料包括鱼粉、大豆粕、发酵豆粕、花生粕、虾糠、乌贼膏、饲料酵母、鱼油、菜籽粕、棉粕、面粉、肉骨粉等。

（1）鱼粉　鱼粉是配合饲料中优质的蛋白饲料原料，图 3 - 54 列出了各国鱼粉生产量占比。鱼粉由于加工方法及来源不同，其基本成分组成变化较大。一般来说，粗蛋白质为 55%～70%，脂肪为 6%～15%。表 3 - 14 列举了不同产地鱼粉营养成分。

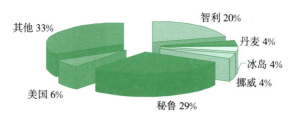

图 3 - 54　各国鱼粉生产量占比

表 3 - 14　鱼粉营养成分

营养成分	智利鱼粉	秘鲁鱼粉	阿根廷鱼粉	俄罗斯鱼粉	阿拉斯加鱼粉	国产鱼粉			
						特级 A	特级 B	一级	二级
粗蛋白质（%）	≥67	≥65	≥63	≥65	≥65	62	60	55	50
脂肪（%）	≤10	≤12	≤10	≤10	≤10	10	11	12	13
水分（%）	≤10	≤10	≤10	≤10	≤10	10	10	11	11

（续）

营养成分	智利鱼粉	秘鲁鱼粉	阿根廷鱼粉	俄罗斯鱼粉	阿拉斯加鱼粉	国产鱼粉			
						特级A	特级B	一级	二级
灰分（%）	≤16	≤20	≤25	≤20	≤20	17	18	20	26

资料来源：中国鱼粉信息网。

鱼粉中各种氨基酸齐全而且含量丰富，平衡性好，动物对其消化吸收率高，特别是赖氨酸、蛋氨酸和胱氨酸等氨基酸的含量明显高于一般的植物性蛋白饲料。鱼粉中含有丰富的钙、磷、维生素及微量元素，有些成分是植物性饲料原料的数倍甚至千倍，鱼粉中还含有大量能促进动物生长的核苷酸、活性小肽、牛磺酸等已知物质及一些未知物质。

进口鱼粉粗蛋白质含量为 60%～72%；国产鱼粉粗蛋白质稍低，一般为 50%～60%。鱼粉含有较高的脂肪，进口鱼粉含脂肪约<10%；国产鱼粉标准为 10%～14%，但有的高达 15%～20%。鱼粉含钙 3.8%～7%、磷 2.76%～3.5%，钙磷比为（1.4～2）∶1。鱼粉中富含各种必需氨基酸，如赖氨酸（5.5%）、色氨酸（0.8%）、蛋氨酸（2.1%）、胱氨酸（0.65%）等，精氨酸含量相对较低（3.4%）。

鱼粉在生产和流通领域中时有出现掺假现象，掺入物质有铵盐、尿素、棉籽饼粕、血粉、鞣革粉和羽毛粉，要注意鉴别鱼粉的质量。

鱼粉营养全面、各种营养成分均衡，是水产动物饲料加工中最主要的蛋白源。鱼粉对南美白对虾的生长作用至关重要，以生长指标判断标准，配合饲料中鱼粉的含量不应低于 22%。南美白对虾饲料中鱼粉含量一般为 20%～30%。

（2）大豆粕 豆粕是大豆提取豆油后得到的一种副产品。按照提取的方法不同，可以分为一浸豆粕和二浸豆粕两种。其中，以浸提法提取豆油后的副产品为一浸豆粕，而先以压榨取油，再经过浸提取油后所得的副产品称为二浸豆粕。一浸豆粕的生产工艺较为先进，蛋白质含量高，是目前国内市场上流通的主要品种。

豆粕一般呈不规则碎片状，颜色为浅黄色至浅褐色，味道具有烤大豆香味。豆粕中胡萝卜素、核黄素和硫胺素含量少，烟酸和泛酸含量较多，胆碱丰富，维生素 E 在脂肪残量高和储存不久的豆粕中含量较高。豆粕的主要成分为：蛋白质 40%～48%，赖氨酸 2.5%～3.0%，色氨酸 0.6%～0.7%，蛋氨酸 0.5%～0.7%。因大豆粕中粗纤维含量较高，多糖和低聚糖类含量较高，所以南美白对虾人工配合饲料中的添加量不能过高，一般在 10%左右。

（3）发酵豆粕 发酵豆粕是利用现代生物工程发酵菌种技术，以优质豆粕为主要原料，通过发酵最大限度地消除大豆蛋白中的脲酶、胰蛋白酶抑制因子、凝血素、大豆球蛋白、β-伴球蛋白、植酸等抗营养因子，有效地将大分子蛋白质发酵生成小分子蛋白和小肽的无抗原优质小肽蛋白源，并可产生大量益生菌、寡肽、谷氨酸、乳酸、维生素、未知生长因子（UGF）等物质，具有提高适口性、消化吸收率、促生长的功效。发酵豆粕主要营养指标为：粗蛋白质 45%～60%，粗脂肪≤3.0%，粗纤维≤5.0%，粗灰分≤7.0%，无氮浸出物≤28.0%，水分≤10%，乳酸≤3%，益生菌≤10^8cfu/g。发酵豆粕优于豆粕等所有的植物性蛋白源，南美白对虾人工配合饲料中的添加量为 10%～20%。

（4）花生粕 花生粕是花生仁经压榨提炼油料后的副产品，富含丰富的植物蛋白，适合于水产饲料中使用。花生粕的营养价值较高，其代谢能是粕类饲料原料中最高的，粗蛋白质含量达 48%以上，精氨酸含量高达 5.2%，是所有动、植物饲料中最高的。赖氨酸含量只有大豆饼粕的 50%左右，蛋氨酸含量也较低。花生粕含多种矿物元素，如镁、钙、铁、钠、锌、磷、铜等，可作为很好的矿物元素营养源。

花生粕很容易感染黄曲霉菌而产生黄曲霉毒素。黄曲霉毒素种类较多，其中毒性最大的是黄曲霉毒素 B_1。蒸煮、干热对去除黄曲霉毒素无效，因此对花生粕中黄曲霉毒素含量应进行严格检测，国家卫生标准规定饲料中黄曲霉毒素的允许量需低于 0.05 毫克/千克。为了安全，配合饲料中的用量最好控制在 20%以内。

（5）虾糠　虾糠由海虾身体的外壳加工而成，含有丰富的甲壳素（几丁质）、蛋白质，还富含 DHA、EPA、胆碱、磷脂、胆固醇、虾青素、虾红素及磷、钙、铁、锰、锌、铜等多种有益元素。虾糠中的蛋白、胆碱、磷脂、胆固醇是动物体不可缺少的物质，有改善动物脂肪代谢、提高免疫力的功效，对南美白对虾是一种利用价值极高的饲料原料。虾糠的主要营养指标为：粗蛋白质≥30％，水分≤14％～5％，灰分≤38％，沙和盐≤20％，其中沙≤6％、挥发性盐基氮≤150 毫克/克。南美白对虾人工配合饲料中的添加量为 10％～20％。

（6）乌贼膏　乌贼膏是天然海洋乌贼内脏提浸物，具有浓烈的乌贼内脏腥香味，富含固醇、二十碳五烯酸（EPA）、二十二碳六烯酸（DHA）及维生素 A 和维生素 D，对增强南美白对虾的食欲、提高采食量，对促进生长等具有特殊功效，是一种理想的水产饲料诱食剂及促生长剂，在南美白对虾饲料中添加量为 2％～3％。

乌贼膏的营养成分含量因加工方式不同而有所不同。发酵型，粗蛋白质 20％～22％、脂肪 10％～15％、水分 53％～58％；抽提型，粗蛋白质 28％～32％、脂肪 7％～10％、水分 45％～50％。

（7）饲料酵母　饲料酵母是一种呈浅黄色或褐色的粉末或颗粒，蛋白质的含量高，维生素丰富，其营养成分组成与原料、菌种和培养条件有关。一般来说，饲料酵母含蛋白质 40％～65％，脂肪 1％～8％，糖类 25％～40％，灰分 6％～9％，大约含有 20 种氨基酸，其中赖氨酸和色氨酸比较丰富，含有丰富的 B 族维生素。饲料酵母通常作为蛋白质和维生素的添加饲料，添加量不超过 5％。

（8）鱼油　鱼油含有高度不饱和脂肪酸（DHA 和 EPA），对对虾有良好的诱食效果，同时鱼油中维生素 A 和维生素 D 含量丰富，可以作为对虾维生素的来源。在南美白对虾饲料中加入 3％～5％的鱼油可以完善饲料营养，促进南美白对虾生长，改善其肉质品质。

（9）菜籽粕　菜籽粕是油菜籽榨油后的副产品，是一种良好的蛋白质饲料。但是菜籽粕含有多种抗营养因子（硫苷、植酸等），在饲料使用上受到限制。近年来，"双低"（低芥碱和低硫葡萄糖苷）油菜品种的推广，使菜籽粕在水产饲料中的利用空间逐渐增大。菜籽粕含有较高的胆碱、生物素、烟酸、维生素 B_1、维生素 B_2，丰富的矿物元素如钙、磷、铁、镁、锰、硒和钼等，蛋白含量 $33\%\sim40\%$，脂肪含量 $0.5\%\sim6\%$，糖类含量 20% 以上。

"双低"菜籽粕仍然含有一定量的抗营养因子，且较高的纤维会降低饲料在水中的稳定性，所以在南美白对虾全人工配合饲料中，菜籽粕的添加量较低，一般为 $3\%\sim7\%$。

（10）棉粕 棉粕是棉籽经脱壳取油后的副产品，完全去壳的称为棉籽粕。棉粕含有多种抗营养因子（棉酚、植酸等），在水产饲料中的应用较少。棉粕蛋白含量在 34% 以上，棉籽粕可达 $41\%\sim44\%$，粗纤维含量较高，达 13% 以上，棉籽粕粗纤维含量约 12%，维生素 B_1 含量较多，维生素 A、维生素 D 含量少，赖氨酸和蛋氨酸含量较少，精氨酸含量较多。在南美白对虾全人工配合饲料中，棉粕的添加量一般在 7% 左右。

（11）面粉 面粉由小麦加工而成，按面粉中蛋白质含量的多少，可以把面粉分为高筋面粉（$10.5\%\sim13.5\%$）、中筋面粉（$8.5\%\sim10.5\%$）、低筋面粉（$6.5\%\sim8.5\%$）。面粉有较好的黏性，有助于饲料的黏合，且可作为饲料糖分的来源，在南美白对虾全人工配合饲料中，面粉的添加量在 20% 左右。

（12）肉骨粉 肉骨粉是以动物屠宰后不宜食用的下脚料，以及肉类罐头厂、肉品加工厂等的残余碎肉、内脏、杂骨等为原料，经高温消毒、干燥粉碎制成的粉状饲料。因原料组成和肉、骨的比例不同，肉骨粉的质量差异很大，粗蛋白质为 $20\%\sim50\%$，其中赖氨酸 13%、含硫氨基酸 $3\%\sim6\%$；粗灰分为 $26\%\sim40\%$，其中钙 $7\%\sim10\%$、磷 $3.8\%\sim5.0\%$，是良好的钙磷供源；脂肪为 $8\%\sim18\%$；维生素 B_{12}、烟酸、胆碱含量丰富，维生素 A 和维生素 D 含量较少。在南美白对虾全人工配合饲料中，肉骨粉的添加量一般在 7% 以下。

2. 饲料基本营养成分

南美白对虾饲料基本营养成分组成为：粗蛋白质 36%～41%，其中动物性蛋白质含量要高于植物性蛋白质，脂肪含量 5%～6%，粗纤维含量小于 6%，粗灰分含量小于 16%，水分含量小于 12.5%，钙磷比 1：1.7 左右。表 3-15 提供了 3 个南美白对虾饲料配方供参考。

表 3-15　生产用南美白对虾饲料配方精选（100 千克）

原料	配方 1（千克）	配方 2（千克）	配方 3（千克）
鱼粉	22.60	35.00	19.00
乌贼粉	5.00	5.00	7.00
虾糠		6.00	
肉骨粉	7.00	3.00	
豆粕	16.60	11.00	30.00
花生粕			9.00
鱼油	2.50		1.25
玉米油			1.00
花生麸	13.60	7.00	
菜籽粕	6.60		
棉粕		6.70	
卵磷脂	2.00	1.50	
酵母			5.00
高筋面粉	22.00	23.00	22.83
氯化胆碱	0.50	0.40	0.50
维生素 C-磷酸酯	0.10	0.10	0.10
对虾用免疫增强剂	0.20		
磷酸二氢钠			0.50

（续）

原料	配方 1（千克）	配方 2（千克）	配方 3（千克）
磷酸二氢钙	0.50	0.80	
磷酸二氢钾			0.50
赖氨酸硫酸盐			0.42
L-苏氨酸			0.11
羟基蛋氨酸			0.09
复合维生素	0.30	0.20	0.20
复合矿物盐	0.50	0.30	0.50

配方 1 为湛江粤海饲料有限公司专利，环保型南美白对虾配合饲料，申请号 200510102246.0。复合维生素的成分为每克复合维生素中含维生素 A 1.5 毫克、维生素 D_3 11.0 微克、维生素 K_3 0.4 毫克、维生素 E 12.0 毫克、维生素 B_1 1.8 毫克、维生素 B_2 2.4 毫克、维生素 B_6 1.0 毫克、钴胺素 1.0 微克、生物素 30.0 微克、叶酸 60.0 微克、泛酸钙 6.0 毫克、烟酸 18.0 毫克、胆碱 150.0 毫克、抗坏血酸 30.0 毫克。复合矿物盐的微量元素含量为每克复合矿物盐含 Fe 100.0 毫克、Zn 80.0 毫克、Cu 12.0 毫克、Mn 80.0 毫克、Se 0.5 毫克、Co 1.0 毫克、Mg 70.0 毫克。

配方 2 为湛江粤海饲料有限公司专利，低盐度养殖南美白对虾环保型配合饲料，申请号 200610124016.9。复合维生素的成分为每克复合维生素中含对氨基苯甲酸 10 克、维生素 B_1 0.5 克、维生素 B_2 3.0 克、维生素 B_6 1.0 克、泛酸钙 5.0 克、烟酸 5.0 克、生物素 0.05 克、叶酸 0.18 克、维生素 B_{12} 0.002 克、肌醇 5.0 克、维生素 A（20 000 国际单位/克）5.0 克、维生素 D_3（400 000 国际单位/克）0.003 克、维生素 E（250 国际单位/克）32.0 克、维生素 K_3 2.0 克、纤维素 931.26 克。复合矿物盐的成分为每克复合矿物盐中含 $MgSO_4 \cdot 7H_2O$ 200 克、KCl 100 克、$K_3C_6H_5O_7 \cdot H_2O$ 150 克、NaCl 74 克、$CoCl_2 \cdot 6H_2O$ 1.4 克、Na_2SeO_3 0.02 克、

$CuSO_4 \cdot 5H_2O$ 3.36 克、$ZnSO_4 \cdot 7H_2O$ 18.7 克、$FeSO_4 \cdot 7H_2O$ 4 克、$MnSO_4 \cdot H_2O$ 3.6 克、KI 0.54 克、$KCr(SO_4)_2$ 0.55 克、SiO_2 443.83 克。

配方 3 为中山大学专利，一种南美白对虾低鱼粉饲料，申请号 200710030546.1。多维预混物的成分组成按重量比为：肌醇 2.22%、维生素 A 1.11%、泛酸钙 0.83%、维生素 B_1 0.22%、维生素 B_2 0.56%、维生素 B_6 0.06%、维生素 K 0.06%、叶酸 0.02%、维生素 B_{12} 0.012%、生物素 0.006%、氯化胆碱 5.55%、醋酸 α-生育酚 0.44%、纤维素 88.912%。多矿预混物的成分组成 按重量比为：氯化钠 3.23%、硫酸钾 16.38%、氯化钾 6.58%、硫酸亚铁 1.07%、柠檬酸铁 3.83%、磷酸二氢钙 12.28%、乳酸 钙 47.42%、磷酸二氢钠 4.20%、硫酸镁 4.42%、硫酸锌 0.47%、硫酸锰 0.033%、硫酸铜 0.022%、氯化钴 0.043%、碘化 钾 0.022%。

3. 物理特性

南美白对虾饲料物理特性主要包括以下几个方面：①饲料颗粒 光滑度，要求光滑、无明显裂纹、颗粒大小均匀，粉末少，破碎不 超过 1%；②具有新鲜芳香的鱼腥味，无怪味，无霉味或酸味，引 诱性强；③水中稳定性好，在水温为 25～30℃的海水中 3 小时左 右不溃散，溶水性小，水色仍较清晰；④粉碎粒度要细，粉末粒度 必须全部通过 80 目筛，原料混合均匀；⑤饲料较干燥，水分含量 符合要求。

4. 投喂方法

在南美白对虾集约化、半集约化养殖生产中，饲料占养殖成本 的 50%～60%，是养殖的主要投入之一。饲料投喂不足，会影响 南美白对虾的生长，导致虾体抵抗力下降；饲料投喂过量，会浪费 饲料，污染水质与底质，且诱发虾病。

科学投喂是南美白对虾养殖成功的关键之一，要根据对虾不同 生长阶段的生理需要和当时的生活状态进行精确投喂。

首先，准确掌握开始投料时间，通过饲料台放置少量饲料来判断对虾是否开始摄食。其次，确定投饲料量，估测池内虾的尾数，根据实测虾的体长、体重、计算出理论的日投料量（表3-16）。投料量受多种因素影响，如天气，池内对虾数量、密度、体质（包括蜕壳）以及水质环境情况等。判断投料量是否适宜有两个条件：一是投料后1.5小时饲料台上无剩余饵料；二是80％的对虾达到胃饱满。投料量不符合时应及时进行调整。最后，注意投喂饲料的次数和位置，南美白对虾在早晨和傍晚摄食活跃，根据其生理习性，应昼夜投喂，早期每天投喂2～3次，中期投喂3～4次，后期投喂4～5次。其中，白天投喂量占全天投喂量的40％，晚上占60％。每天投喂时间应相对固定，使南美白对虾形成良好的摄食习惯。

南美白对虾是散布在全池摄食的，所以在投料时水池四周多投，中间少投，再根据各生长阶段适当调整投料位置。小虾（体长5厘米以下）阶段采取池塘四周投喂，而中大虾则可以全池投喂。投喂时应关闭增氧机1小时，否则饲料容易被浪费。

投喂饲料时还须注意的几个要点：①傍晚后和清晨多喂，烈日下少喂。②水温低于15℃或高于32℃时少喂。③天气晴好时多喂，大风暴雨、寒流侵袭（降温5℃以上）时少喂或不喂。④对虾大量蜕皮的当天少喂，蜕壳1天后多喂。⑤水质良好时多喂，水质恶劣时少喂。

表3-16　南美白对虾日投料量的参数

体长（厘米）	体重（克/尾）	日投喂次数	日投饲料率（%）
≤3	≤1.0	3	12～7
≤5	≤2.0	4	9～7
≤7	≤4.5	4	7～5
≤8	≤12.0	4	5～4
>10	>12.0	4	4～2

三、南美白对虾的免疫调控

1. 免疫调控机理

对虾在防御病原体入侵时，首先依靠体表外层甲壳的屏障防护，一旦病原侵入体内，则要依靠其内部的防御系统消除病原。内部的防御系统由血细胞防御和体液防御组成，前者包括细胞的吞噬、包囊、肉芽形成、血细胞移动等；后者包括酚氧化酶原激活系统、凝集素、溶酶体酶等。

（1）对虾血细胞免疫 血淋巴细胞是虾类免疫系统中最为重要的组分，对虾免疫功能（包括识别、吞噬、黑化、细胞毒和细胞间信息传递）主要通过血淋巴细胞来完成。血淋巴细胞的数量和组成可反映对虾免疫机能状况。吞噬作用是对虾血细胞免疫最重要的细胞防御反应，吞噬过程包括异物的识别、粘连、聚集、摄入和清除等。

（2）对虾的体液免疫

①酚氧化酶原激活系统。酚氧化酶原系统是对虾的重要防御和识别系统，是对虾体内参与免疫反应的主要酶类之一，由酚氧化酶、蛋白酶、模式识别蛋白和蛋白抑制剂构成，是一种与脊椎动物补体系统类似的酶级联系统。

②凝集素。凝集素是指所有非免疫原的能凝集细胞或沉淀含糖大分子的蛋白质或糖蛋白，在血液中可能具有类似于免疫球蛋白的重要作用。凝集素促进对虾血细胞吞噬作用表现在两个方面：一是结合在异物上为血细胞识别，从而诱导对异物的吞噬；二是促进血细胞活化，从而诱导血细胞中各种酶类释放，将入侵的异物吞噬。

③溶酶体酶。溶酶体酶主要源于血细胞和血淋巴中，是以溶菌酶、酸性磷酸酶、碱性磷酸酶、过氧化物酶、超氧化物歧化酶、消化酶等构成的多酶系统。溶菌酶是吞噬细胞杀菌的物质基础，可能破坏和消除侵入体中的异物。酸性磷酸酶和碱性磷酸酶是磷酸单酯酶，可催化磷酸单酯的水解反应和磷酸基的转移反应，加速物质的

147

摄取和转运。过氧化物酶可减少自由基对正常细胞的损伤，有消除活性氧的作用，提高机体的解毒能力。超氧化物歧化酶是重要的抗氧化酶之一，在消除自由基、防止生物分子损伤方面有十分重要的作用，是用来衡量对虾免疫状态的重要指标之一。

④细胞毒性活性氧。对虾血细胞在吞噬侵入体内的外来病原微生物时会释放一些毒性物质来杀死和消化病原微生物，即产生"呼吸暴发"现象，提高细胞的吞噬能力和吞噬指数，增强免疫保护率。

⑤抗菌肽。抗菌肽的生成和释放是体液免疫的重要组成部分，是宿主防御细菌、真菌和病毒等病原微生物入侵的重要分子屏障。

⑥溶血素。溶血素具有溶解破坏异物细胞的作用，机体溶血素活性的高低反映了机体识别和排除异种细胞能力的大小。

⑦血清蛋白。血淋巴蛋白能转运生物活性物质，如呼吸蛋白（即血蓝蛋白）、凝集蛋白及其他体液成分，而其中呼吸蛋白最多。血清蛋白在低溶解氧和病原入侵时，浓度较低。

2. 免疫调控剂

对虾生长环境的变化，包括水质的改变、水中微生物分布的变化，均可影响水产动物的免疫状态。饲料的营养水平，尤其是饲料中添加的一些既有营养性又有免疫活性的外源因子，对水产动物的免疫功能具有重要的调控作用。

免疫调控剂是指具有促进或诱发宿主防御反应，增强生物机体抗病能力的一类物质。南美白对虾免疫调控剂研究较多，主要通过提高非特异性免疫机能来增强水产动物的抗疾病感染能力。

应用于南美白对虾的免疫调控剂主要有五大类：多糖类、维生素类、微量元素、中草药制剂和微生态制剂（表 3-17）。

表 3-17　南美白对虾的免疫调控剂的种类及作用

种类	作用
多糖类（海藻多糖、葡聚糖、脂多糖和肽聚糖等）	提高凝血活性、超氧化物歧化酶活性和溶血素活性；提高对虾溶菌酶以及血清中碱性磷酸酶、酸性磷酸酶活性

（续）

种类	作用
维生素类（维生素 C 和维生素 E 等）	提高溶菌酶和酚氧化酶活力，对细胞的吞噬作用和抗体的形成有促进作用
微量元素（铁、硒、铜、锌等）	提高酚氧化酶和超氧化歧化酶活力
中草药制剂（如黄芪、板蓝根、金银花等单种及多种复方中草药）	刺激细胞产生干扰素，直接抑制或破坏病毒、病菌的增殖能力；提高血清酚氧化酶活力、过氧化物酶活力和抗菌活力
微生态制剂（芽孢杆菌、酵母菌、乳酸菌、丁酸梭菌等）	提高南美白对虾的免疫力，增强对病原菌的抗感染能力

3. 免疫调控方法

南美白对虾免疫调控剂的使用方法主要是添加到饲料中，由对虾通过摄食吸收进入体内，这种方法操作方便、用量少、浪费小、效果持久，但对饲料的加工工艺要求较高。有些免疫调控剂容易在加工过程中失效，如一些微生态制剂、中草药制剂和免疫多糖等，采用直接拌料投喂的方式，使用效果明显，目前在养殖生产中被广泛应用。

第四节 南美白对虾病害防控技术

一、常见的南美白对虾病害及防控措施

1. 南美白对虾常见病毒性疾病及防控措施

（1）养殖对虾病毒性疾病的主要种类及病症

①白斑综合征病毒病。对虾白斑综合征病毒（WSSV）是一种不形成包涵体、有囊膜的杆状双链 DNA 病毒。在病虾表皮、胃和

鳃等组织的超薄切片中，电镜下可发现一种在核内大量分布的病毒粒子。该病毒粒子外被双层囊膜，纵切面多呈椭圆形，横切面为圆形；囊膜内可见杆状的核衣壳及其内致密的髓心。该病毒粒子大小为（391～420）纳米×（101～119）纳米，核衣壳大小为（356～398）纳米×（76～85）纳米。纯化的白斑综合征病毒复染后电镜下观察，完整的病毒粒子呈不完全对称的椭圆形，大小约 350 纳米×100 纳米，有一"长尾"结构。

对虾白斑综合征病毒主要破坏对虾的造血组织、结缔组织、前后肠的上皮、血细胞、鳃等。急性感染引起对虾摄食量骤降，头胸甲易剥离，在甲壳上可见到明显的白斑（Lightner，1996）。有些感染对虾白斑综合征病毒病的南美白对虾显示出通体淡红色或红棕色。

病虾一般停止摄食，行动迟钝，体弱，弹跳无力，漫游于水面或伏在池边、池底不动，很快死亡。病虾体色往往轻度变红、暗红或红棕色，部分虾体的体色不改变。病虾的肝胰肿大，颜色变淡且有糜烂现象，血液凝固时间长，甚至不凝固。对虾白斑综合征病毒病具有患病急、感染快、死亡率高、易并发细菌病等特点。在养殖生产中一般从对虾出现症状到死亡只有 3～5 天，且感染率较高，7 天左右可使池中 70％以上的对虾患病；患病对虾死亡率可达 50％左右，最高达 70％～80％。对虾白斑综合征病毒病也常继发弧菌病，使得患病对虾死亡更加迅速，死亡率也更高。

通常，发病初期可在对虾头胸甲上见到针尖样大小的白色斑点，在显微镜下可见规则的"荷叶状"或"弹着点"状斑点，可作为判断的初步依据（图 3 - 53）。此时，对虾依然摄食，肠胃充满食物，头胸甲不易剥离。病情严重的虾体较软，白色斑点扩大甚至连成片状，严重者全身都有白斑，有部分对虾伴有肌肉发白，肠胃无食物，用手挤压甚至能挤出黄色液体，头胸甲与皮下组织分离，容易剥下（图 3 - 55）。

②桃拉综合征病毒病。对虾桃拉综合征病毒病的病原体是桃拉

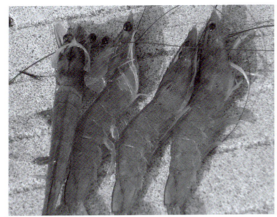
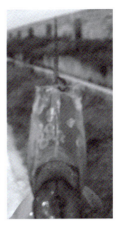

图 3-55　南美白对虾感染 WSSV 的体征（左）和头胸甲上明显的白斑（右）

病毒（TSV）。它是一种直径为 31～32 纳米的球状单链 RNA 病毒，主要宿主为南美白对虾和细角滨对虾，感染该病的对虾死亡率接近 60%。患病南美白对虾一般体长在 6～9 厘米的居多，投苗放养后的 30～60 天易发病。患病对虾主要表现为尾足、尾节、腹肢，甚至整个虾体体表都变成红色（图 3-56、图 3-57）或茶红色，有些虾体局部出现黑色斑点，这主要是患病对虾的甲壳部位形成色素沉积，显微镜观察呈现以黑色为中心的暗红色放射性斑区（图 3-58、图 3-59）。胃肠道肿胀，肝胰腺肿大，变白，摄食量明显减少或不摄食，消化道内没有食物；在水面缓慢游动，离水后活力差，不久便死亡。患病初期池边有时可发现少量病死虾，随着病情加重死虾数量会不断增加。也有部分病虾的症状不明显，身体略显淡红色，但进行 PCR 病原检测呈阳性。一般发病池塘多表现为底质环境恶化，水质富营养化，水中氨氮及亚硝酸盐含量过高，透明度在 30 厘米以下。

　　对虾桃拉综合征病毒病一般具有患病急、病程短、死亡率高的特点。通常早春放养的幼虾容易发生急性感染，感染后 4～6 天对虾摄食量开始大幅减少，随后大量死亡；如果能坚持 1～2 周，死亡对虾数量渐渐有所减少，而变为慢性死亡，在池边和排污口时有

图 3-56 感染 TSV 的南美白对虾身体变红（1）

图 3-57 感染 TSV 的南美白对虾体色变红（2）

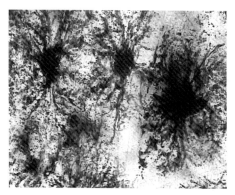

图 3-58 显微镜下对虾甲壳的色素沉积

图 3-59 感染 TSV 的南美白对虾体表呈现黑色斑点

死虾。患病幼虾死亡率可达 50％以上，高的甚至可达到80％～100％；成虾则相对更容易发生慢性死亡，死亡率在 40％左右。一般发病池塘的水体溶解氧含量相对较低。

③传染性皮下组织及造血组织坏死病毒病。病原体为传染性皮下组织和造血组织坏死病毒（IHHNV）。该病毒是一种单链 DNA 病毒，属于细小病毒科。主要感染鳃、表皮、前后肠上皮细胞、神经索和神经节，以及中胚层器官，如造血组织、触角腺、性腺、淋巴器官、结缔组织和横纹肌等，在宿主细胞核内形成包涵体（黄倢等，1995）。

患病对虾身体变形，通常会出现额角弯向一侧，第六体节及尾扇变形变小。虽然该病的致死率不高，但对虾生长受到严重影响（Dee et al.，2007），经长时间养殖的对虾个体仍然较小，有的养殖 100 多天后，虾体长只有 4～7 厘米。若养殖者放养了携带此病毒的虾苗，养殖 30 天左右发现幼虾生长严重受限，应及时采集虾样送检，确定病因后及早处理，避免耗费大量成本，影响养殖生产效益。

④十足目虹彩病毒病。病原体为十足目虹彩病毒（DIV1），是一类具有线性双链 DNA 的大颗粒二十面体病毒。其病毒粒子有的有囊膜包裹，有的没有囊膜包裹，通过细胞膜出芽释放的病毒粒子有囊膜，而因为细胞裂解释放的病毒粒子没有囊膜，在 DNA 核心和衣壳之间有一层脂质内膜。有囊膜的病毒粒子和无囊膜的病毒粒子都具有感染性，但有囊膜的病毒粒子感染性更高（陈彤，2019）。

感染该病毒的虾有厌食、空肠空胃、肝胰腺萎缩、颜色变浅、暴发死亡率高、短时间大量死亡等临床症状。其中，自然感染十足目虹彩病毒的养殖南美白对虾和罗氏沼虾可以达到 80％以上的死亡率。2014年开始在广东、福建等地发现高密度养殖的南美白对虾暴发性死亡，在病死虾中检出了十足目虹彩病毒。因其病虾游泳足附近的甲壳出现明显的发黑症状，被业内称为南美白对虾"黑脚病"。但近年来在珠三角地区未出现"黑脚"症状的对虾，也检出了十足目虹彩病毒（图3-60）。

图3-60　感染十足目虹彩病毒的对虾呈现"黑脚"的特征

（2）病毒的传播方式　病毒必须感染宿主，进入宿主体内相关组织器官的活细胞内营专性寄生生活，靠宿主代谢系统的协助来复制核酸、合成蛋白质等组分，然后再进行装配增殖。当外部条件适宜时通过食物链方式，在养殖生态系统中可感染养殖对虾。一般对虾病毒病的传播途径有垂直传播和水平传播。

①垂直传播。亲虾通过繁殖将病毒传播给子代（虾苗）。所以，若使用携带某种病毒的亲虾进行繁育生产，其生产的后代虾苗多将成为病毒携带者。

②水平传播。养殖过程水环境中的病毒经摄食（经口）感染、侵入感染（经鳃或虾体创伤部位侵入）等途径入侵对虾机体，使健康对虾进入潜伏感染或急性感染状态。一般经由水平传播途径的感染有以下几种常见的情况。

a. 健康对虾摄食携带病毒的甲壳类水生动物，如杂虾、蟹类等被感染。

b. 健康对虾摄食携带病毒的浮游生物，如卤虫（丰年虫）、桡足类、水生昆虫等，被感染。

c. 感染了病毒的病虾、死虾被健康对虾摄食。

d. 水体中的浮游病毒经对虾呼吸侵入鳃部或经虾体创伤部位侵入机体。

e. 某个池塘的患病对虾被养殖场周边的飞禽、鼠类、蟹类摄食，病毒经由它们再传播到其他原本未患病的池塘，或因养殖者管理不善将患病池塘的病原带入其他池塘，导致病原由点到面全面感染各养殖池塘的对虾。

（3）病毒性疾病的诊断方法　病毒病可依据病症和病理变化进行初步诊断，结合使用分子生物学技术进行确诊。目前可用于检测对虾病毒的方法有 PCR 技术、LAMP 技术、TE 染色技术、原位杂交技术、点杂交技术等。当前市面上已有用于检测几种对虾常见病毒的简易型病毒检测试剂盒。在国家或行业标准中主要使用 PCR 和 RT-PCR 技术对对虾病毒病进行确诊。

（4）对虾病毒性疾病的防控措施　根据对虾病毒病的病原、传播途径、易感宿主，可从以下几个方面防控对虾病毒病。

①选择适宜的放养季节。对虾病毒病有极强的季节性特征，春夏相交、天气未稳定、寒潮多发等时节，病毒病多发。建议养殖者尽量避开这段时间，可先期做好准备工作，积极关注中长期天气预报，待天气稳定后再开始养殖生产。具备优越生产条件、良好操作技能的养殖者若要争取养殖时间差，应充分做好准备工作，并尽可能只安排部分池塘进行养殖。

②严格选择苗种。严格选用不携带特定病毒（SPF）的虾苗。购苗时要求虾苗场出具相关证明（虾苗检疫合格证、虾苗幼体来源证明及其亲本检疫合格证明等），或自行到有资质单位检测种苗，保证虾苗不携带 WSSV、TSV、IHHNV、DIV1、CMNV 等。

③根据养殖条件及管理技术水平，控制合适的放养密度。放养

密度过高，不但会导致管理成本上升，还会因饲料投喂和养殖代谢产物增多造成水环境污染，致使对虾易发病，得不偿失。南美白对虾高位池养殖的放养密度应控制在每亩 10 万~25 万尾，滩涂土池养殖和淡化土池养殖的放苗密度应控制在每亩 4 万~6 万尾。养殖小规格商品虾的可适当提高放养密度，或计划在养殖过程中根据市场需求分批收获的也可依照生产计划适当提高放苗密度。但总体而言，高位池的最高放养密度不应超过每亩 30 万尾，土池不应超过每亩 12 万尾。

④做好池塘生态环境的调控和优化。

a. 池塘在开始养殖前要彻底清淤、暴晒或清洗，灭菌消毒要彻底。

b. 放养虾苗前，合理施用微藻营养素和有益菌（以芽孢杆菌为主）培养优良藻相和菌相，营造良好水色和合适透明度。

c. 养殖过程中每 1~2 周施用有益菌制剂（芽孢杆菌、乳酸菌、光合细菌），及时降解转化养殖代谢产物，削减水体富营养化，同时维持稳定的优良藻相和菌相。

d. 养殖全程培育和稳定水体优良藻相，避免形成以颤藻、微囊藻等有毒有害蓝藻为优势的藻相结构。

e. 养殖过程保持水体中有充足的溶解氧。

f. 养殖过程中适当换水，保持水质的新鲜度，最好使用沉淀蓄水池，水源经消毒后再使用，减少外源环境的影响和交叉感染。

⑤科学投喂饲料与营养免疫。

a. 选用符合对虾营养需求的优质配合饲料，精准投喂。

b. 加强养殖对虾的营养免疫调控，适当加喂益生菌、免疫蛋白、免疫多糖、多种维生素及中草药等，增强对虾的非特异性免疫功能，提高对病毒的抵抗力（Chang et al.，1999）。

c. 在病害发生期和环境突变期，少进水或不进水，加喂中草药、维生素 C、大蒜等，提高对虾的抗应激力、免疫力和抗病毒能力，预防病毒病发生和蔓延（Citarasu et al.，2006；杨清华等，

2011)。

⑥套养适量的鱼类防控对虾病害。国家虾蟹产业技术体系何建国首席团队针对白斑综合征病毒病提出了对虾病毒病生态防控技术方案。根据不同地区的水质情况，可在对虾养殖池塘中套养适量的罗非鱼、鲻、草鱼、革胡子鲇、篮子鱼、黑鲷、黄鳍鲷、石斑鱼等杂食性或肉食性鱼类，摄食池塘中的有机碎屑和病、死虾，起到切断传播途径、优化水质环境和防控病害暴发的作用。在选择套养鱼类品种时，应该充分了解当地水环境的特点，了解所拟选鱼类的生活生态习性、市场需求情况，选择合适的品种，确定鱼、虾的密度比例、放养时间、放养方式。例如，在盐度较低的养殖水体可选择罗非鱼、草鱼、革胡子鲇等，盐度较高的养殖水体可选择鲻、篮子鱼、黑鲷、黄鳍鲷、石斑鱼等。鱼的放养方式需要根据混养的目标需求而定：以摄食病、死虾和防控虾病暴发为目标的可选择与南美白对虾混养；以清除水体中过多的有机碎屑、微藻为目标的可选择与南美白对虾混养；也可用网布将鱼围养在池塘中的一个区域。

2. 南美白对虾细菌性疾病及防控措施

（1）养殖对虾细菌性疾病的主要种类及病症

① 急 性 肝 胰 腺 坏 死 病 （acute hepatopancreatic necrosis disease，AHPND）。病原为携带 *Pir* 毒力基因的副溶血弧菌（*Vibrio parahemolyticus*）、哈维氏弧菌（*Vibrio harveyi*）、坎氏弧菌（*Vibrio campbellii*）、欧文氏弧菌（*Vibrio owensii*）等致病菌（Han et al.，2015；Dong et al.，2017）。宿主包括南美白对虾、斑节对虾、中国明对虾、卤虫等。患病对虾的主要症状为体弱、肝胰腺颜色变浅到接近透明、萎缩，解剖可见呈软烂状（图3-61），摄食量大幅减少甚至停止摄食，空肠空胃或肠道内食物不连续，有些池水中可能会出现白便。其死亡率高达80%～100%，多数沉于池底，也有少数跳出水面后沉底死亡。在对虾放苗后10～30天为发病高峰；池底污染、投喂过量等会增加发病风险；在盐度低于10时，发病率降低。

图3-61　发病对虾与正常对虾

②红腿病或细菌性红体病。病原主要为副溶血弧菌、溶藻弧菌和鳗弧菌等致病菌。患病对虾附肢变红，尾扇、游泳足和第二触角均变为红色（图3-62），甚至虾体全身变红（图3-63）；头胸甲的鳃区呈黄色；多数病虾会出现断须现象，常在池边缓慢游动，摄食量大幅度降低。

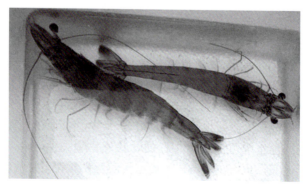

图3-62　对虾红腿病个体

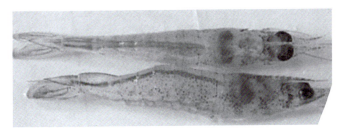

图 3-63　对虾细菌性红体病个体

③烂鳃/黑鳃/灰鳃病。病原主要为细菌、寄生虫或丝状藻类。患病对虾鳃部被病原感染，显微镜下可见鳃丝处有大量细菌（图3-64）或寄生虫（如聚缩虫等纤毛虫类）（图3-65）、丝状藻类等异物（图3-66），引起鳃丝肿胀，变脆，呈灰色或黑色（图3-67），甚至从鳃丝尾端基部开始溃烂。严重时整个鳃部变为黑色，大面积糜烂和坏死，完全失去正常组织的弹性，坏死部位组织发生明显的皱缩或脱落。病虾多浮于水面，游动缓慢，反应迟钝，摄食量大幅减少，甚至死亡，尤其是水体溶解氧含量较低时患病对虾死亡情况更为严重。一般在水环境恶化时该病较为多见，在水质良好的养殖水体中该病较少出现。

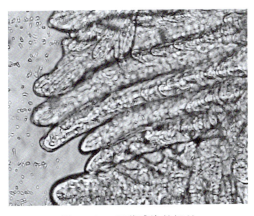

图 3-64　细菌感染的鳃丝

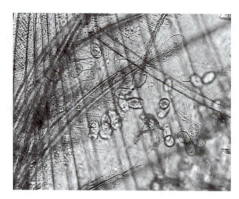

图 3-65 寄生虫感染的鳃丝

图 3-66 丝状藻类感染的鳃丝

图 3-67 患病对虾鳃部肿胀变灰

④烂眼病。烂眼病的病原主要为弧菌。患病对虾眼球肿胀，变为褐色，严重时溃烂脱落仅剩下眼柄，病虾漂浮于水面翻滚，行动迟缓。

⑤褐斑病（甲壳溃疡病）。该病的病原主要为弧菌属、气单胞菌属、螺旋菌属和黄杆菌属的细菌。患病对虾体表和附肢上有黑褐色或黑色斑点状溃疡，斑点的边缘颜色较浅，中间颜色深，溃疡边缘呈白色，溃疡的中央凹陷，严重时斑点不断扩大，使得甲壳下的组织受到侵蚀，在病情未得到有效控制时陆续死亡。

⑥烂尾病。病原主要为由几丁质分解细菌及其他细菌继发感染。养殖对虾体表形成创伤，当养殖水体环境恶化时即容易受几丁质分解细菌及其他细菌的继发感染，尾部呈现黑斑及红肿溃烂，尾扇破、断裂。有些症状与褐斑病相似。

⑦肠炎病。病原主要为嗜水气单胞菌和其他致病弧菌。患病对虾摄食大幅减少甚至不进食，消化道空无食物，胃部呈血红色或肠道呈红色，中肠变红且肿胀，直肠部分外观混浊，界限不清。病虾游动迟缓，体质较弱，如果未及时治疗处理容易继发其他病害，导致养殖对虾大量死亡。

⑧白便综合征。国家虾蟹产业技术体系何建国首席团队研究认为，白便综合征是由宿主肠道微生物群失调引起的（Huang et al.，2020）。发病初期，患病对虾粪便变得细长，伴随少量白便，其肠道不饱满，出现断肠、空肠现象，但因对虾摄食正常，初期不易发现。随着病情加重，肝胰萎缩、变小，外观模糊，部分病虾出现红须，红腿，肠道肿胀、变粗等症状，水面漂浮的白便也逐渐增多。发病中后期，会有大量白便聚集，漂浮于水面，散发恶臭，患病对虾明显减料或不吃料，且伴随游塘及偷死。

（2）细菌性疾病的主要防治措施　由于养殖对虾细菌性疾病的主要病原是致病细菌，因此养殖过程中，一方面应注意对养殖水体及环境进行消毒，对病原细菌进行杀灭处理；另一方面可合理使用芽孢杆菌等有益菌净化水质，抑制病原细菌生长（Huang et al.，2020）。具体可参照以下措施防治该类病害。

①在虾苗放养前对养殖池塘进行彻底清洗、暴晒和消毒，水源进入池塘后合理使用安全高效的消毒剂对水体进行彻底消毒，杀灭潜藏于养殖环境中的病原细菌。

②养殖全程定期使用芽孢杆菌制剂，同时配合使用光合细菌和乳酸菌，降解养殖代谢产物，净化水质，维持良好的微藻藻相和菌相，营造良好的养殖环境，促使有益菌成为优势菌群，抑制弧菌等条件致病菌的生长，清除病原大量繁殖的温床，减少对虾的感染概率。

③养殖前期实行封闭式管理，中后期实行有效量水交换的半封闭式管理。最好配备一定数量的蓄水消毒池，养殖过程中新鲜水源经过消毒净化后再引入池塘，减少外源污染和病害交叉感染。

④在对虾发病的高危季节，合理使用二氧化氯、二溴海因等安全高效的消毒剂，有效防控养殖环境中病原细菌的大量生长与繁殖。同时，可在对虾饲料中合理添加芽孢杆菌、乳酸菌等有益菌，或间隔拌料投喂大蒜及中草药制剂，每天2次，连用三五天，每2周重复1次。一方面，调节养殖对虾体内肠道的菌群结构，促进有益菌形成优势，抑制病原细菌生长；另一方面，提升养殖对虾的健康水平，增强体质，提高抗病能力。

3. 由其他生物诱发的疾病及防控措施

（1）真菌性疾病——镰刀菌病　镰刀菌病是对虾较常见的真菌性疾病。病原为镰刀菌，菌丝呈分枝状，有分隔，可形成不同大小的孢子和厚膜孢子，其中大分子孢子呈镰刀形，故名镰刀菌。镰刀菌多寄生于对虾的头胸甲、鳃（图3-68）、附肢、眼球和体表等处的组织内，使得相关部位的组织器官受到严重破坏，一般受感染的组织因黑色素沉淀而呈黑色。同时，还可产生真菌毒素，使宿主中毒。对于该类疾病主要是通过消毒水体及池塘环境的方式达到防控的目的。在虾苗放养前对池塘进行彻底清洗、暴晒和消毒，水源进入池塘后，合理使用安全高效的消毒剂对水体进行彻底消毒，杀灭潜藏于池塘环境中的病原体。养殖过程中可选用二溴海因或含碘消毒剂进行消毒处理，杀灭水环境中的分生孢子和菌丝，对已寄生于对虾体内的镰刀菌及其分生孢子，目前尚无特别有效的方法进行处理。

图 3-68　患病对虾鳃部被镰刀菌感染溃烂

（2）寄生虫性疾病

①固着类纤毛虫病。病原主要为钟形虫、聚缩虫、单缩虫、累枝虫或壳吸管虫等寄生虫（图 3-69、图 3-70）。患病对虾体表、附肢和鳃丝上形成一层灰黑色绒毛状物。病原体寄生于鳃部的危害相对较大，可使对虾鳃部变为黑色或灰色，症状与细菌性黑鳃病类似，严重时鳃部肿胀，对虾呼吸和蜕皮困难。病虾活动迟缓，常浮游于水面，摄食量大幅减少，生长停滞，不易蜕皮。该病症一般在水环境富营养化水平不断升高，水质恶化，池底大量有机物沉积时出现较多。

所以，对该病的防控措施须"多管齐下"。一是相继使用针对寄生虫和水环境的安全高效消毒剂，药效消除后再配合有益菌制剂调剂水质，间隔 1～2 周重复处理 1 次；二是注意养殖过程水体环境的管理，定期使用芽孢杆菌，同时配合使用乳酸菌和光合细菌等有益菌制剂，促使养殖代谢产物得以及时降解转化，稳定优化水体环境；三是科学使用水体营养素，避免水体有机物含量过多，富营养化水平负荷过大，尤其不使用未经充分发酵的有机营养素；四是养殖过程中不定期在饲料中拌喂大蒜和中草药制剂，每天 2 次，连用 3～5 天，调节对虾抗病机能。

②微孢子虫病。近年来，虾肝肠胞虫（Enterocytozoon

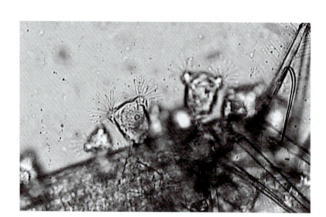

图 3-69　壳吸管虫寄生于对虾鳃丝

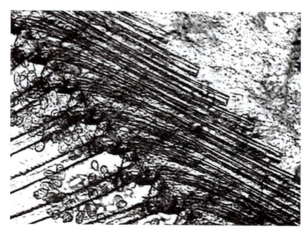

图 3-70　聚缩虫寄生于对虾鳃丝

hepatopenaei，EHP）成为导致我国养殖对虾生长缓慢的主要病原之一。对虾感染该寄生虫后，会出现生长缓慢或生长停滞，且有时出现白便等症状，但其不影响对虾的摄食和存活率（程东远，2017）。这种疾病在对虾的仔虾期直至养成期均有感染的迹象。

　　由于虾肝肠胞虫是细胞内寄生，截至目前还没有有效的治疗药物和方法，还是以预防为主。第一，在虾苗放养前对池塘进行彻底清洗、暴晒和消毒，水源进入池塘后，合理使用安全高效的消毒剂对水体进行彻底消毒，杀灭潜藏于池塘环境中的病原生物；第二，从苗种的检测、饲料的检测、限制鲜活饵料的使用、水体及对虾的疫情检测方面控制虾肝肠胞虫的传播和发病。第三，养殖过程中不定期使用低毒高效的消毒剂进行水体消毒处理。此外，发现池塘中出现患病对虾，应立即捞出并销毁，以防止被健康的对虾吞食，而在水中扩大传播，感染健康的对虾。

（3）有害藻诱发的疾病

①蓝藻。在盐度小于 10 的水体中有害蓝藻以微囊藻为主，当盐度大于 10 以上时则以颤藻类为主。这两类蓝藻均可分泌微囊藻毒素，胡鸿钧（2011）报道微囊藻毒素攻击的主要靶器官是动物的肝，其中 50%～70% 的毒素在肝中发现，7%～10% 在肠道发现，而且毒素可从肝到肠道，并在肝肠间进行再循环。所以，在这种水体环境中，养殖对虾容易发生中毒，肝胰腺和肠道受到破坏，最终死亡。通常在池塘下风处的水体表层会积聚较多蓝藻水华，伴有腥臭味，池边可见漂浮的死亡对虾。

a. 虾池中的常见蓝藻代表种类。

绿色颤藻：为对虾养殖池塘优势种，海水池塘和低盐度淡化养殖池塘均可见，以群体形式存在。原植体为单条藻丝或多条藻丝组成的块状漂浮群体，藻丝不分枝，较宽，能颤动，横壁不收缢。以藻殖段方式繁殖。细胞为短柱状或盘状，原生质体均匀无颗粒，细胞长 4～8 微米（图 3-71）。

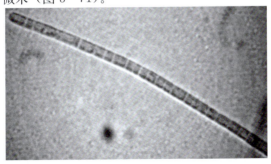

图 3-71 养殖水体中的颤藻

　　铜绿微囊藻：池塘水体中的微囊藻以群体形式存在，多见于低盐度淡化养殖水体。群体呈球形团块状或不规则团块，橄榄绿色或污绿色，为中空的囊状体，群体外具有胶被，质地均匀，无色透明。群体中细胞分布均匀而密贴。细胞球形、近球形，直径 3～7 微米。原生质体灰绿色、蓝绿色、亮绿色、灰褐色（图 3-72）。

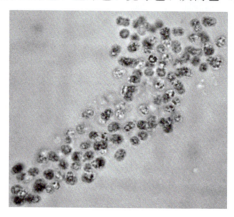

图 3-72　养殖水体中的微囊藻

　　水华微囊藻：多见于低盐度淡化养殖水体，以群体形式存在。群体为球形、长圆形；群体无色、柔软而具有胶被。细胞球形或长圆形，多数排列紧密；细胞淡蓝绿色或橄榄绿色，有气泡。可自由漂浮于水中，或附着于水中的各种基质上（图 3-73、图 3-74）。

图 3-73　养殖池塘下风处的微囊藻水华

图 3-74 微囊藻水华池塘中毒死亡的对虾

b. 防控有害蓝藻的主要措施。

养殖过程防控蓝藻优势的措施：放养虾苗前对池塘和水体进行消毒除害，施用微藻营养素和芽孢杆菌制剂培育以优良微藻和有益微生物为优势的良好藻相和菌相。

养殖过程中综合运用芽孢杆菌、光合细菌、乳酸菌等有益菌制剂、微藻营养素、水质调节剂调控养殖池塘生态环境。

养殖过程中每 7～10 天定期施用蓝藻溶藻菌制剂，抑制颤藻和微囊藻等有害蓝藻生长，促进绿藻和硅藻等优良微藻稳定生长；根据天气和水体环境实时调整菌剂的用量。

实行封闭式或半封闭式水环境管理，养殖过程中不换水或在水源水质条件良好时少量添水保持水位。

实施科学的投喂策略，以对虾摄食八成饱为宜，避免饲料过量投喂造成养殖水体超富营养化。

养殖过程中出现蓝藻优势的处理措施：处于对虾容易发病和产生应激反应阶段的蓝藻优势处理：先适量换水，缓解水环境负荷，再通过施用腐殖酸稳定水体 pH，然后施用蓝藻溶藻菌制剂，视情况轻重反复施用 2～3 次。同时，配合施用芽孢杆菌制剂，加强水环境中有机物的分解转化，强化物质循环，控制蓝藻的生长繁殖。

处于对虾不易发病时期（例如，在高温季节的晴好天气下）

的蓝藻优势处理措施：可先用适量的二氧化氯、溴氯海因等消毒剂抑杀蓝藻，然后排出池塘底层水，引入部分新鲜水源，施用沸石粉、过氧化钙等环境改良剂和水体解毒剂，再施用蓝藻溶藻菌制剂。待水体相对稳定后，施用芽孢杆菌制剂和微藻营养素重新培育优良藻相。

出现蓝藻数量优势过大，有益微藻稀少情况的处理措施：当水源水质良好时可适量更换部分水体，或从藻相良好的水体引入优良微藻，再施用蓝藻溶藻菌制剂，同时增加增氧机的开启时间和增氧强度，配合施用沸石粉、过氧化钙等环境改良剂和水体解毒剂，防控养殖对虾发生应激反应。水质稳定后，每隔3～5天重复施用2～3次芽孢杆菌或光合细菌，使水色保持清爽，防控有害蓝藻的繁殖。

②夜光藻。夜光藻属于海水甲藻的一个种类，具有较强的耐污性，喜欢在富营养化的水体中生长，具有自我发光的能力，属于常见的赤潮生物种类之一。虽然夜光藻自身不含毒素，但可黏附于养殖对虾的鳃部，阻碍呼吸，严重时甚至会引起对虾窒息死亡，败坏水质，继而诱发其他有毒有害生物大量生长，导致对虾继发性感染患病或死亡（图3-75、图3-76）。

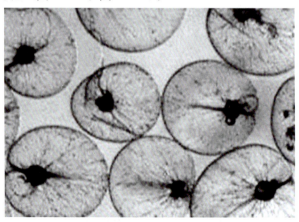

图3-75 对虾养殖水体中常见的夜光藻形态

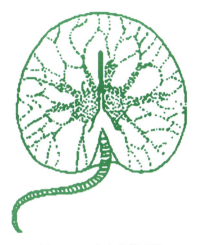

图 3 - 76　夜光藻模式图

防控夜光藻的主要措施：

a. 定期施用芽孢杆菌等有益菌制剂，及时分解养殖代谢产物；实行科学的饲料投喂策略，以免残余饲料积累过多使水环境中的有机物含量大幅升高，为夜光藻的爆发式生长提供有利条件。

b. 当发现水体中出现夜光藻，但数量还相对较少时，加强芽孢杆菌制剂的施用，同时配合施用适量的光合细菌，反复两三次，净化水质，抑制夜光藻的生长（李卓佳等，2001）。

c. 当水体中夜光藻已形成优势时，可选择在水源质量较好时进行适量换水，同时提高水体的增氧强度，保证溶解氧的供给。

d. 若通过换水仍未能有效控制夜光藻的数量，可适量施用低毒高效的消毒剂杀灭部分藻细胞，随后根据水体情况适度提高芽孢杆菌等有益菌制剂的施用量。同时，提高水体增氧机的开启强度。

二、南美白对虾的应激反应及防控措施

在养殖过程中遇到天气或水环境骤然变化，往往容易致使对虾产生应激反应，如果当时虾体健康水平不佳，体质较弱，则可能会

诱发病毒病、细菌病或其他应激性病害。现就南美白对虾养殖过程中常见的一些应激性病害和防治方法进行介绍。

1. 水体环境变化引发的南美白对虾应激性病害

（1）对虾肌肉坏死病　由于水环境，如水体温度或盐度突然大幅变化、溶解氧过低、氨氮和亚硝酸盐浓度大幅升高，或虾苗放养密度过大，标粗对虾分疏养殖和分批收获等环节不当操作等因素，均容易引发对虾肌肉坏死病。患病对虾肌肉变白呈不透明的白浊状，与周围正常组织间出现明显的界限，尤其以虾体腹部靠近尾端处的肌肉最为明显（图3-77），严重时会扩大到整个腹部。如果刺激因素得以及时消除，病情可缓解，若肌肉发生白浊面积过大，可能造成对虾短期内死亡。

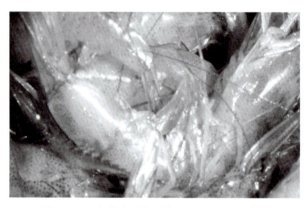

图3-77　南美白对虾腹部近尾端的肌肉坏死

当前随着对虾放养密度的不断增加，这种病症的发生率也随之不断升高。据李卓佳等（2012）报道，在广东湛江对虾养殖主产区，一个养殖季中对虾发生该病的养殖面积占发病总面积的16%，对当地养殖生产的影响较大。

该病的防治措施主要为：

①避免养殖对虾放养密度过大。

②在高温季节尽量保持高水位，适量换水，防止水温过高，避免水体温度、盐度大幅度变化。

③采取科学的养殖环境调控措施，保持良好水质，确保水体溶解氧充足。

④当小范围内发现对虾出现病症时，系统分析查找致病因素并及时处理，改善水体环境，促使患病对虾症状减轻，争取在短时间内恢复正常。

（2）对虾痉挛病　该病主要发生在夏、秋季养殖水体温度较高的时期。患病对虾躯干痉挛性弯曲，背部弓起，肌肉僵硬，无弹跳力，情况严重的对虾在发生应激痉挛后不久死亡。通常在标粗幼虾搬池分疏养殖时易发生此病害。分析其病因，可能有以下几个方面：一是养殖对虾健康水平低，抗应激能力弱；二是机体中钙、磷、镁及 B 族维生素等营养物质不足，当外界环境条件刺激时机体的生理反应受到影响；三是水体透明度过高，阳光直射强烈，超过虾体可承受的生理刺激阈值；四是养殖水体环境中的钙磷营养比例失调，限制了对虾对钙的吸收和利用等。

该病的防治措施主要为：

①提高养殖池塘水位，培养优良微藻藻相，将透明度控制在30～40 厘米，为养殖对虾提供稳定而优良的栖息环境，使之尽量少受惊动。

②在对虾饲料中适量补充添加钙、磷及 B 族维生素等微量元素。

③养殖过程中根据水质和天气具体情况适量施用过氧化钙等含钙的水质或底质调节剂，增加养殖水体的钙元素，调节钙磷比例。

（3）应激性红体　一般在天气突变时，如台风、强降雨、寒潮等，往往会引起池塘水环境的剧烈变化，诱发养殖对虾发生应激性红体症状。虾体全身变红，体质变弱，甚至造成对虾大面积死亡，但无明显的生物性病原侵袭的病症。情况严重的如果未能及时处理也可能会使养殖对虾继发性感染病毒病、细菌病等病害。

该病的防控重点是在恶劣天气来临之前实施有效预防。具体防治措施主要为：

①根据养殖池塘设施条件和管理技术水平，严格控制适宜的对

虾放养密度。

②养殖全程注重池塘水环境的调控与优化，定期施用芽孢杆菌降解转化养殖代谢产物，清洁水质和底质。同时，不定期配合施用光合细菌、乳酸杆菌及其他环境调节剂，净化水质，保持良好生态。

③关注天气变化，在恶劣天气来临前强化水环境的管理，调节水体营养水平，保证池塘优良微藻藻相的稳定，同时增强光合细菌的施用强度，维护水体中的有益菌相，提高环境菌群的代谢活性。

④适量配合施用化学增氧剂和池塘底质环境调节剂，改良池塘底部环境。

⑤适量拌喂抗病中草药、免疫增强药剂，提高对虾抗应激能力。

⑥加高池塘水位，增加水体环境的缓冲能力。

⑦恶劣天气到来时增强池塘增氧机的开启强度，同时根据水质情况配合施用过氧化钙等化学增氧剂，提高溶解氧含量，还可起到一定的稳定水体 pH 和消毒的作用。

⑧恶劣天气过后参考上述措施及时强化水体环境的调控强度，整体情况相对稳定后再选择适合的时机进行水体消毒，然后再施加芽孢杆菌、乳酸杆菌，稳定水体生态系统。

⑨根据所遭遇寒潮的持续时间和强度，如果气候条件对养殖生产影响严重，确实再难以坚持长时间养殖的，应在做好相关应急管理的同时，及时掌握市场信息，适时收虾出售，保障养殖效益。

（4）缺氧 当池塘底质环境恶化时或水体溶解氧含量低于养殖对虾群体的耐受值 2.5 毫克/升时，即容易发生对虾浮游于水面或在池边四周游动的现象。在人为干扰下对虾易产生强烈的应激反应，严重时对虾大量死亡沉于池底。该病多见于养殖中后期的凌晨时分或连续阴雨天气的时候。当发现较多对虾在水面游动时，应捞取对虾进行观察检测。同时，监测各项水质指标，尤其是养殖水体、池底及池塘排水口处的溶解氧含量，若未发现虾体出现其他病症，溶解氧又偏低，即可确诊。

一般造成对虾缺氧的主要原因包括以下几点：一是放养密度过大，在养殖中后期对虾群体的生物量过大，水体溶解氧的消耗量大于生成量，导致对虾缺氧；二是水环境中的有机物含量过多，消耗了大量溶解氧进行氧化还原反应，导致水体中溶解氧含量大幅降低，水质和底质环境恶化；三是水体中的浮游生物数量过多，呼吸耗氧量过大，严重影响了对养殖对虾的溶解氧供给。

该病的防治措施主要为：

①开展养殖前应对池塘进行彻底清整，对于已经养殖多年的池塘应在清除池底淤泥后多次翻耕暴晒，以利于沉积的有机物得到充分的氧化分解。

②根据池塘设施条件和管理水平等实际情况，严格控制虾苗放养密度。

③实施科学的投喂策略，宁少勿多，以免残余饲料积聚，败坏水体环境。

④切实做好养殖环境调控工作，科学施用有益菌制剂和其他水体环境调节剂，促进养殖代谢产物及时分解转化，保持良好的水体环境。

⑤定期监测养殖水体水质指标，根据对虾不同生长阶段、天气情况等采用合理的增氧策略，确保养殖全程水体溶解氧含量日均大于 3 毫克/升以上。

⑥做好日常管理工作，及时发现问题并加以解决处理。

（5）对虾蜕皮综合征（软壳病）　患病对虾主要症状为虾体甲壳柔软，有时会发现甲壳溃烂的病灶，机体颜色变红或灰暗，鳃丝发红或发白，活力差，生长缓慢。该病多见于低盐度淡化养殖池塘。造成该病的主要原因有：养殖水体受到化学药物或不明因素的污染；水体盐度等指标骤变或水体环境大幅变化；水体中的钙含量相对缺乏或钙磷比例不平衡。

该病的防治措施主要为：

①保持良好水质，避免养殖水体盐度在短时间内大幅度变化。

②注意养殖水源的管理，防止水体受环境、化学或其他不明因素的污染。

③发病初期可施用含钙物质调节水体钙含量，如每亩池塘可按1米水深全池撒熟石灰 8～15 千克。

④选择营养全面的饲料进行科学投喂，同时不定期拌料投喂维生素、益生菌等营养强化剂，每天 2 次，连续使用 5～7 天。

2. 异常天气条件下的病害防控措施

（1）持续阴雨天气　近年来，在我国南方对虾养殖主产区每年的 4 月、5 月及台风过后都容易出现持续阴雨的天气，此时也是养殖南美白对虾易于发生病害的高危期。天气变化对养殖对虾病害的影响主要还是通过水体环境因子的变化，诱发对虾产生应激反应，体质较弱的个体容易受到直接影响或继发因素的影响发生病害。具体情况有以下几个方面：

①养殖水体盐度大幅度变化造成对虾产生严重的应激反应。

②光照弱，微藻光合作用受影响，造成水体光合作用增氧效率大幅降低，同时也使原本通过该途径转化利用的小分子有机物和氨氮等因子积聚，物质循环路径受阻，水体环境趋于恶化。

③水体 pH 大幅降低，打破了养殖水体环境原本的生态系统功能平衡，诱发对虾产生应激。

④由于盐度和温度的影响，水体形成分层，在未实施有效干预、打破水体分层的情况下，下层水体的水质趋于恶化，诱发对虾产生应激。

可从以下 3 个层面采取防控措施控制对虾病害的发生：

前期预防：

①稳定水体优良微藻藻相，保持适宜的微藻细胞密度，提高微藻生态系统的环境缓冲能力，维护良好的水体环境。

②合理施用芽孢杆菌、光合细菌、乳酸菌等有益菌制剂，稳定水体优良菌相，提高菌群代谢活性，净化水质。

③提高池塘水位，提升水体环境的缓冲能力。

④在饲料中拌喂维生素、免疫增强剂或有益菌制剂，增强对虾

体质，提升机体的抗应激能力。

⑤做好养殖设施管理工作，确保增氧机、排水系统和供电系统处于正常状态。

⑥准备一定量的化学增氧剂和水体环境调节剂，以备出现突发情况时应急使用。

过程干预：

①提高增氧机的开启强度，一方面增强水体的增氧力度，另一方面还可起到打破水体分层的作用。

②合理施用光合细菌制剂，提高水体菌群的代谢活性，净化水质。

③根据水质情况，适量施用石灰或腐殖酸稳定水体 pH。

④监测水体溶解氧变化情况，在出现水体缺氧的初期或夜晚时分适量施用颗粒型化学增氧剂，提高水体尤其是中下层水体的溶解氧含量。

⑤严格控制饲料投喂量，少投或不投。

后期处理：

①根据水体和对虾情况，适量使用低毒高效消毒剂，控制潜在病原微生物的大量生长与繁殖。

②如果水体出现"倒藻"现象，先施用沸石粉和增氧剂或增氧型底质改良剂，再施用芽孢杆菌制剂和无机营养素或氨基酸营养素，重新培育优良微藻藻相。

③在对虾养殖中后期，阴雨天气过后往往容易发生微藻藻相演替，形成以有害蓝藻为优势的藻相结构，此时可联合施用芽孢杆菌制剂和光合细菌制剂，净化水质，稳定优良微藻藻相，避免有害蓝藻的大量生长与繁殖，同时还可间接起到稳定水体 pH 的作用。

④根据水体水质和对虾健康情况，严格控制饲料投喂量，同时拌喂维生素、中草药、免疫增强剂或有益菌制剂，增强对虾体质，提升机体的抗病能力。

（2）持续低压天气　在我国南方地区春、夏容易出现连续多天的多云、闷热、无风的低压天气，尤其在台风来临之前这种天气情况最为明显。此时，光照度不足，致使水体光合作用增氧效率不高，加之低气压影响下机械增氧的效率也有所降低，容易造成水体溶解氧含量较低的情况。同时，该天气条件下水体温度往往不断升高，容易造成水体环境中的有机物在厌氧条件下降解转化形成硫化氢、氨氮、亚硝酸盐等有毒有害物质并积累，环境中的致病弧菌数量也随之大幅升高，直接或间接诱发养殖对虾发生严重病害。

针对上述情况的主要防治措施包括：

①重点保证水体及池塘底部环境的溶解氧含量，提高增氧机的开启强度，密切监控水体溶解氧含量，在发现水体缺氧和凌晨时候配合施用化学增氧剂，及时提高水体环境的溶解氧含量。

②适量施用沸石粉、白云石粉等沉淀剂去除水中悬浮颗粒物，澄清水质，然后排出部分底层水，适量添加部分经沉淀和消毒处理的新鲜水源，维持水质稳定。

③科学施用有益菌制剂调节水体环境，减少好氧型微生物制剂（芽孢杆菌）的施用，适量施用乳酸菌和光合细菌等有益菌制剂，既可提高水体中的菌群代谢活性，促进养殖代谢产物的降解转化，净化水质，又可维持稳定优良的菌相，抑制有害菌的生长与繁殖。

④合理施用具有增氧或消毒功效的底质环境改良剂，促进池塘底部沉积物的氧化分解，抑制弧菌等潜在致病菌的大量生长与繁殖，为对虾的健康生长营造良好的栖息环境。

⑤严格控制饲料投喂，根据天气和对虾健康状况适量减少饲料的投喂量，避免给水体环境增加额外负荷。

（3）持续高温　通常高温季节正是养殖对虾生长的高峰期，饲料的投喂量较大，水体中养殖代谢产物不断增多，透明度大幅降低，水色较浓，水体及池底的富营养化程度持续升高。此时，池塘环境中的养殖对虾群体、浮游微藻、细菌等生物量不断增多，整个养殖环境的生态负荷处于高压状态，容易发生水体缺氧、有害蓝藻和致病菌大量繁殖、水体环境恶化或骤变等，进而诱发养殖对虾病害。所以，做好病害防控的重点在于切实贯彻科学的养殖管理，调控和维护稳定而良好的水体环境，提高对虾体质，全面提高虾体抗病能力。

针对上述情况的主要防治措施包括：

①加强增氧及适量换水，提高增氧机开启强度，配合施用增氧剂，确保水体溶解氧的供给，根据水源质量和池塘水体状况，适量引入经沉淀消毒的新鲜水源，维持稳定的水体环境，避免养殖对虾产生应激反应。

②加高水位控制水温，根据池塘情况将水位加高至 1.8～2.0 米，或适量引入经处理的地下水调节水体温度，同时加大增氧机开启强度，避免水体形成分层。

③科学采用养殖环境微生物调控技术和理化调控技术，改善池塘水质和底质，促进养殖代谢产物及时降解转化，降低水体富营养化水平，保持优良的养殖水体生态环境。

④进行科学养殖管理，制订各种应急处理方案，及时发现和解决问题。

⑤根据生产实际情况，适度减小对虾养殖密度，可采取轮捕疏养、捕大留小、适时收获的措施，收获部分达到上市规格的成虾，以达到保持合理养殖密度、降低养殖风险、提升养殖效益的目的。

第四章
南美白对虾绿色高效养殖实例

第一节　福建漳浦南美白对虾高位池养殖模式实例

高位池养殖南美白对虾模式主要集中在华南地区。该模式放养密度大、产量高，对水质和养殖管理的要求比较严格，近几年受到苗种、气候、水质和病害等因素影响，养殖成功率偏低，投资风险较大，需要全面评估，应具备雄厚的经济实力。

一、基本概况

近年来，福建南美白对虾高位池养殖模式发展迅速，主要集中在漳州市漳浦县，养殖面积为8 000～12 000亩，占全省高位池养殖面积的60%以上（图4-1）。

漳浦高位池主要分布在六鳌镇、深土镇、赤湖镇、佛昙镇等水质条件优良的沿海区域。当地高位池养殖模式最早出现在2005年，但真正大规模的发展是从2008年开始，新建的高位池以池小、排污好、高增氧为主要特点。2018年开始，每口池塘面积为1～1.5亩，每口塘租从1.1万元涨至2.7万元，年平均涨幅约8 000元。到2021年，每口塘租基本保持在3万～3.5万元，虽然已是"天

178

图 4-1 漳浦高位池

价"，但条件好的塘口仍然十分抢手。

漳浦地区高位池有以下特点：

1. 漳浦地区两种高位池模式

漳浦高位池多建造在海边，分地膜池和水泥池两种类型。地膜池一般为正方形或长方形（略带弧度），也有少数呈不规则状，池底 1～1.2 亩，池口 1.5～1.8 亩，池深 3.5～4 米。水泥池基本为规则的方形结构，池塘大小多为 0.5～0.8 亩/口，池深 3～3.5 米，池壁拉设微孔曝气管。

2. 排污口设计

养殖前期排污口覆板，中间放置水泥棒堵住排污口，大虾时提水泥棒可直接排污。优点是中后期污物多时无须用网捞；缺点是直接排污不能及时发现体弱和淘汰的病虾。

池塘中间设排污口，地膜池排污口大小一般为 1.3 米×2 米，水泥池排污口规格多为 1 米×1.2 米。排污口上覆打孔的硬质塑料板，排水通过池外排污井中管的拔起和放入来控制。进水主要通过水平埋设塑料滤水管，在海边开挖大口径的沙滤井，将水泵的吸水管装入沙滤井中抽水，部分规范养殖场还有蓄水池。养殖池上铺设用于冬棚铺盖塑料薄膜的钢丝和固定设备。

3. 水体采用上中下的立体增氧模式

每口池 4 台 1.5 千瓦增氧机（2 台水车式增氧机，1 台射流式增氧机，1台潜水式增氧机）；底部增氧为罗茨鼓风机＋微孔曝气管，其中罗茨鼓风机功率配比为每口塘 0.75～1 千瓦，4 口池配备 1 台 3 千瓦的鼓风机，6 口池配备 1 台 4.5 千瓦的鼓风机；微孔曝气管使用盘状，每口池放置 8～12 个盘。

二、养殖管理

（一）放苗前的准备工作

1. 清塘

（1）用高压水枪冲洗池底及池壁，彻底冲走有机污物。要求达到的标准：池底土工膜干净无附着物，池壁上没有螺或贝附着。

（2）安装闸网，一般要预先装好两道闸网。前一道为较密的闸网，网目为 40～60 目；后一道为疏网，这是为养成中后期而设置的。要求安装时必须选用质量较好、不容易破损的闸网，并且不能留有缝隙，以免造成虾逸逃。

（3）安装增氧机要围绕排污中心设置，让水流可以把池底污物冲到排污口排走。一般最好每亩配备 2～3 台增氧机。安装增氧机的数量也要视池虾的密度而定。

（4）用生石灰铺洒池底，一般用量为 100～150 千克。要求达到的标准是：均匀、足量（其中死角及有机质仍残存较多的地带应加大用量）。此外，施用生石灰清塘最好是池底留有少量水，效果更好。

（5）药物消毒，让池底留有平均 20 厘米的水位，施用合适的消毒剂，如二氧化氯、次氯酸、漂白粉和高锰酸钾等，对池塘进行消毒处理。消毒翌日打开水车增氧机和底部增氧盘，增加水体循环，降低水体残氯。

清塘后底部进水约 30 厘米，使用纳米银稀释液产品或者漂白粉兑水冲刷池壁（注意：水源若铁离子含量过高，使用高浓度的漂白粉池壁容易变红，可使用高锰酸钾替代），洗刷后排掉池水，条件允许的再晾晒两天，晾晒过后注入过滤海水 1.3 米，再次使用二氧化氯等，带水消毒，消毒时开增氧机 2 小时，将水体搅拌均匀，彻底杀灭病原体。建议前期使用养殖虾池作蓄水池沉淀，消毒海水，作为水源供给对虾养殖池，如养殖场地有 10 口虾池，选择 2口作为蓄水池，既方便进水，又方便消毒海水，再抽取到其他的虾池。前期阶段，1 口池可满足 4 口虾池的日常用水和换水。中后期底板摘除或换水量加大后，一般采用直接抽取沙滤后海水进行换水。

消毒两天后使用有机酸对水体解毒，同时打开水车式增氧机和底部增氧盘，以消除余氯的残留，如有重金属超标，还需要提前使用 EDTA 解除重金属的毒性，提高虾苗的成活率。建议少用硫代硫酸钠，因为使用硫代硫酸钠解毒后的水体，再使用其他调节 pH或氨基酸、腐殖酸钠等产品效果不佳。

2. 放苗前的肥塘

放苗前将池塘水色调节为黄绿色或褐绿色为宜，透明度 50～70 厘米。肥水一般选用肥水膏、单细胞藻类生长素、氨基酸等，搭配无机复合肥以及促藻类生长剂。专用肥料一般用量为每亩用3～5 千克，配合芽孢杆菌及光合菌进行肥水，第一次施肥之后应隔两三天再追施 1 次，用量减半，追肥次数视池水肥度而定。

一般进行肥水投苗，放养超大的密度，追求的是时间、生长速度与经济效益。没有合理的施肥培藻，养殖水体可溶性营养源大量缺失，水体的新陈代谢、自净循环系统失效，通常不推荐清水放苗。以菌养水，以菌养虾，实际生产中需要通过结合各种活菌等微生物分解与调节水质。

根据放苗时间提前 7～10 天培藻做水（高温天可以稍微缩短），充足的准备时间可使培育的藻相丰富而且稳定。条件适宜，再通过少量补肥可以培育出大量枝角类和桡足类，为虾苗提供优良的活饵料。前期肥水通常是使用氨基酸肥料加活菌的方法，尽量达到菌相与藻相的平衡。

总而言之，在虾苗入池前，基本工作需做好，要培养足够的基础饵料生物。基础饵料生物适口性好，营养全面，是目前任何人工饵料所不能替代的，为提高虾苗成活率，增强虾苗体质和加速虾苗生长，提供最重要的物质基础。同时，饵料生物特别是浮游植物对净化水质，吸收水中氨氮、硫化氢等有害物质，减少虾病，稳定水质起重要作用。

（二）放苗及养成期的管理

1. 选苗

选择清晨或晚上进行，避免在高温、恶劣天气下放苗。福建漳浦一般高位池的放苗密度为：20 万～50 万尾/亩，要求苗种的规格达到 0.7～1 厘米。选择快大品系的虾苗，需对虾苗进行荧光定量 PCR 病毒检测，检测达标后，取 30～40 尾虾苗放入养殖池塘的池水中（用白色塑料盆）进行试水，经 24 小时后，成活率在 90% 以上，方为达标放苗条件。

2. 适时放苗

南美白对虾最适生长水温为 23～33℃，在此水温范围内放虾苗养殖，生长速度快，摄食量大，体质强，抗病力强。南美白对虾生活在偏低水温的环境中则摄食量小，体质弱，生长慢，成活率偏低。

南美白对虾在我国南方的放养时间一般是清明前后，漳浦地区高位池都是搭冬棚进行保温养殖，所以现在都是全年生产养殖。大棚的搭建工作通常在 10 月中下旬至 11 月底完成。大棚搭建比较早的都能提前保温争取到较长的养殖生长时间，根据生产计划，计划养殖对虾在春节前上市的，冬造苗基本在 8 月上旬至 9 月中旬投放（图 4 - 2）。

春节后出售的可以适当顺延 1 个月左右，采取先投苗后搭棚的形式，当温度下降明显、昼夜温差加大后才把大棚的薄膜盖上。薄膜盖上后先压顶，四周预留部分缺口，采取白天增加空气对流，晚上覆盖保温的方法，当白天最高水温下降至 25℃ 以下后开始逐步封闭通风口，以提高池塘水体有效积温，适应虾苗生长。

从近年来冬造虾的价格来看，冬造虾应该适当地再提早投苗，争取在入冬前把虾的规格养大至每斤*百尾以内，这样可以在水温降低后慢慢生长，等待价格的提高，而大规格的虾更加容易创造高额的利润回报。冬季 40 尾/千克规格的大虾市售价高达 100～120 元，利润可观。

图 4 - 2　高位池冬棚

3. 合理的放养密度

半精养条件下，由于人为控制条件差，设施简单，放养虾苗密度一般 6 万～10 万尾/亩，精养池塘放苗密度为 15 万～25 万尾/亩。按照目前漳浦地区南美白对虾高密度精养模式，大部分放养密度高达 50 万尾/亩以上，亩产达万斤以上，亩纯利润 20 万～30 万元甚至更高。当然，超高密度养殖南美白对虾的风险相对普通高位池更高，对此主要取决于投资者与管理者的选择。

对于放养密度的选择，根据目前冬造虾的养殖实际情况，以及结合往年的养殖经验，有以下 3 种投放密度方案。此方案主要依据个人平时的养殖管理水平，以及目标养殖产量综合考量，按照每口虾池每亩或者 1 000 米³ 左右的水体估算，具体见表 4 - 1 至表4 -3。

---

* 斤为非法定计量单位。1 斤＝500 克。——编者注

表4-1 放养密度方案一

投苗数量	成活率	目标产量
50万尾	75%	4 687.5千克
50万尾	70%	5吨
50万尾	60%	5吨

表4-2 放养密度方案二

投苗数量	成活率	目标产量
40万尾	75%	3 750千克
40万尾	70%	4 000千克
40万尾	60%	4 000千克

表4-3 放养密度方案三

投苗数量	成活率	目标产量
30万尾	75%	2 812.5千克
30万尾	70%	3 000千克
30万尾	60%	3 000千克

　　上述3种方案是目前采用较多的投放密度，在近年冬造养殖中还接触到不少更为极端的养殖户，有不少投苗密度在60万～70万尾/亩甚至更高的。敢打敢拼的精神勇气可嘉，但通过了解可知，追求更高密度的养殖，则成功率也越低，而且大部分在放苗后30天左右就开始陆续出现损耗，随着时间推移损耗也不断增加，最终效益也不甚理想，甚至排塘。

　　随着养殖基础条件的不断改善和养殖水平的提高，目前更多的人开始追求平稳，也逐步回归理性。因此，上述方案二大家选择更多，大多数塘口较为标准、池底坡度适合、集污效果良好。但是实际养殖中随着时间的推移、投饵量的增加，池底污物也更加容易堆积，池底载氧量不足，从而容易产生有毒气体，对虾偷死损耗增加。捞底时当天发现十条八条偷死，翌日就损耗十斤八斤，后天则是百十来斤等的情况。这就需要管理者根据不同的情况采取不同的措施。

但是喜欢高效益、养大虾、追求更高利润回报的可尝试方案三。此方案随着时间的推移，往往能够养到每斤十几尾的大虾，而且产量也很惊人，有的塘口35万尾虾苗，收虾规格32尾/千克，每亩产量达6 000千克，冬季大虾售价每千克达到120元，所产生的经济效益非常可观，关键是需要细心、周密、科学的管理，提高成活率，以达到增产增收的目标。

4. 养殖前期管理

（1）放苗后 每天投喂3次（即早、晚、夜），目前多为投喂虾片或者开口料等。

（2）投饵量的确定 0♯饲料：日投饵量为每万尾苗150～300克，以后逐日增加。

（3）投饵原则 早晚多投，白天少投；四周多投、中间少投；虾苗多的地带多投，少的地带少投。前期一般投喂0♯和1♯饲料，放苗后到虾长至5厘米之前这段时间投喂0♯料，长至5～7厘米投喂1♯料，也可按比例配合投喂。投饵量应根据气候、水温、虾的密度及摄食程度而定，可通过巡塘、设置缯网来确定（可检查虾的生长情况以及检验投饵量是否不够或过剩）。另外，还可以通过检查虾的胃饱满度及肠道里有无食物而确定。

（4）日常管理

①巡塘。每天早、午、晚、夜定时巡塘，观察水色藻类变化、增氧机设备运行是否正常及对虾是否浮头应激，如有应激，应及时泼洒抗应激产品。晚上采用借助灯光观察和拉料台检查两种方法观察虾的活动、蜕壳、生长状况和饱食率，以调节投饵量和确定是否需要加装增氧机。巡塘的工作主要包括观察水色、透明度，检查虾的生长情况以及投饵量的确定，还要定期测试水温、溶解氧、盐度、pH、氨氮、亚硝酸盐及硫化氢等指标。

②水质管理。所谓养虾先养水，养成前期的水质管理主要是调节水色，养殖南美白对虾理想的水色是绿藻或硅藻占优势的黄绿色或黄褐色，对水质起到净化作用。因此，平时要有意识地调控这类

水色。透明度过高时及时补藻、补菌，追肥量视池塘水体透明度、pH、水色等灵活掌握，每星期追肥 1 次。

南美白对虾适宜的 pH 为 7.8～8.6。但养殖中后期往往会出现 9.2～9.6 的峰值。因此，在养殖过程中应特别注意调控 pH，不宜过高，否则会增加氨氮的毒性，抑制虾的生长。

在南美白对虾养殖过程中，随着虾体的增长，对水中溶解氧量的需求量也越来越大，因此在养殖前期视水质状况间歇性开启增氧机，以后随着虾的生长逐渐延长开启增氧机的时间，精养池和高密度高产养殖池，到养殖的中后期必要时需 24 小时开机，以保证池水溶解氧含量在 5 毫克/升以上，池塘底层溶解氧含量在 4 毫克/升以上，要监控池水的 pH、溶解氧、氨氮及亚硝酸盐等的变化，保证虾的正常健康生长。

在养殖前期，池水的透明度通常保持在 35～50 厘米（两个阶梯左右），养殖中后期，池水的透明度应保持在 25～40 厘米，若透明度小于 20 厘米时应换水，加水或施用沸石粉或生石灰，若透明度过大，可追施藻类营养露、氨基酸营养素。

5. 养成中后期的管理

（1）除了做好日常的巡塘工作，更应注重病害防治，特别是放苗后的 30～60 天，更要预防病害，采取一些如制作药饵、消毒、进行物理和生态调节等措施，营造一个适宜对虾生长的良好水环境。此外，投饵量的确定也要做好，以免投饵不足造成对虾生长缓慢甚至自相残杀，也要避免投饵过剩而造成底质污染，从而大量滋生有害病菌。

（2）在养成的中后期更要注意底质调节，只有好的底质才能保持好的水质，只有好的底质和水质，才能避免病害暴发，给虾提供一个良好的生态环境，提高养成成活率，提高生长速度，提高产量，创造更高的效益。

（3）水质及底质管理可采取的措施　到养殖中后期由于残饵及虾的排泄物增多，一般水色变深，此时可以加大光合细菌的使用量，提高水体的透明度。也可以采取加大换水或施用沸石粉、生石灰来控制水色。整个过程中对虾池要经常施用有益微生物，如芽孢杆菌、光合细菌、EM、乳酸菌等，这些能及时降解进入水体中的有机物，如动物尸体、残饵等，减少有机耗氧，稳定 pH，同时能均衡地给单细胞藻类进行光合作用提供营养，平衡藻相和菌相，稳定池塘水色。

①定期施用沸石粉。用量视水质及底质的污染程度而定，一般为 30～50 千克/亩。沸石粉除了可以降解有机质、减少底质污染，还可以起到增氧的作用。

②定期施用芽孢杆菌和光合细菌。一般用量为每亩每米水深 2～4 千克，施用活菌前最好先施沸石粉，可以让活菌处于良好的生长环境而大量繁殖，抑制有害病菌的滋生。此外，活菌还可以分解有机污物。

③定期施消毒剂。目前常用的消毒剂为二氧化氯、硫酸铜、漂白粉等，二氧化氯使用前必须先经过活化。定期进行水体消毒对预防病害的发生可以起到一定作用，杀灭弧菌、部分藻类等。但是消毒药绝对不能滥用、多用，因为容易刺激虾体而产生不适，从而降低抗病力。此外，消毒剂对于浮游生物还有很大的杀伤力，容易破坏整个水环境的生态平衡。

④拌料有益菌。定期施用，当虾体发生异常或者水环境不好时要交叉施用。其除了可以防治病害的发生，还可以增强虾的体质及免疫功能，从而提高抗病力，保护肠道，提高生长速度，目前常用的拌料有益菌为酵母菌、乳酸菌和丁酸梭菌等。

⑤定期施用生石灰。用量一般为 10 千克/（亩·米），逢降雨或水色异常时应施用生石灰，这样除了可以保持水的缓冲性，还起到一定的水色调节作用。

⑥一般养成中后期的水色最好为褐绿色，其次为黄绿色，透明度在 25～50 厘米。

三、收益与分析

高位池高密度养殖塘要采取轮捕的方法，当部分虾长到商品规格时就分疏起捕，分几次收获。在冬季超高密度投养的塘口，虾苗的成活率足够高时，当虾生长到每千克80～100尾时，池塘养殖载量已经达到顶峰，对虾生长空间拥挤，此时需要视价格行情，适时使用地笼筛抓一部分个头适宜的成品上市，采取捕大留小的形式，最终达到池塘的最高产量、产值。慎记捕虾前后需加强应激处理，避免捕虾后产生反底应激损耗（图4-3）。

图4-3 高位池收虾

一次性收虾一般应注意：当寒潮侵袭，气温突然降低时不能收虾，当气温回升后再收虾；水质突然变坏、死亡损耗暴增时，需提早收虾；虾生长停滞，开始出现病虾时要突击收虾。

漳浦六鳌个别养殖户养殖收虾，每生产1千克南美白对虾的成本组成见表4-4。

表4-4　每生产1千克南美白对虾的成本组成（元）

成本单项	夏造虾	冬棚虾
饲料	9～10	13～15
电费	2	2.8
人工	2.4	3.2
苗款	3	4

（续）

成本单项	夏造虾	冬棚虾
塘租	0.6～1.0	1.0～1.5
设施折旧	0.9	1.2
药品	3～4	4～5
总成本	20.9～23.3	29.2～32.7

注：人工3 000元/（塘·月），塘租18 000～20 000元/（亩·年），电费0.68元/（千瓦·时），增氧机维修成本550元/（台·年）。

其中，夏造虾的成本是按养殖时间70～90天计算，冬棚虾按照养殖时间110～130天计算，夏造虾的养殖成本为20.9～23.3元/千克，冬棚虾养殖成本为29.2～32.7元/千克。按照夏造虾40～60尾/千克，平均售价36～46元/千克，夏造虾产量3 000～5 000千克/亩计算，亩利润3.8万～12.55万元；冬棚虾15～30尾/千克，平均售价54～70元/千克，冬棚虾产量3 000～5 000千克/亩，亩利润为6.39万～20.4万元。

适当提前投放冬茬苗，提前盖好冬棚，提高投喂管理水平，调节好池塘底部水质。提高养殖成活率是关键，成活率直接决定产量。避免早期出现损耗，越早出现损耗越难判断成活率，成活率判断有误直接影响投喂量和饲料系数。

四、经验与优化建议

漳浦高位池养殖起步较晚，是在参考粤东、海南等地高位池养殖模式基础上改良而来的一种养殖模式。相对于其他地区的高位池养殖模式来说，该种模式的优势有以下几点：

（1）单口池塘面积小、池底坡度大、中央集污排污口排污效率高，因此排污的效率较高，减少底部环境恶化。

（2）立体式增氧且强度大，能充分保证水体的溶解氧。

（3）池塘小，管理的工人每天投喂饲料前需在中间排污口附近捞除杂物，这样可及时了解对虾的健康状况。

（4）气候条件适宜，一年能进行两茬反季节养殖，养殖产量高，使得商品虾销售价格较高，收益好。

该种模式的缺点：

首先，对水质要求较高，能采取该养殖模式的范围较小；其次，养殖过程中换水量多，养殖多为几口塘的家庭式养殖模式，可养殖区域池塘密集、进排水系统混乱，这不仅严重污染了环境，而且造成较严重的病害交叉感染问题；最后，养殖过程当中，对工人的操作要求较高，且人员配备较多。

目前，由于区域池塘规划不合理、大量换水导致海区污染，以及管理人员专业基础知识匮乏而乱用、滥用药物等不利因素的影响，该区域的养殖发病率居高不下。

据了解，漳浦近几年夏造虾和冬棚虾，长到1个多月时对虾容易出现肝胰腺病变，这是高位池养殖过程中较为严重的一个病害问题。具体症状为虾苗放养几天至半个月内肝胰腺萎缩，对虾体色变青且不透明，发病初期少量对虾空肠空胃并出现死亡，严重时大部分对虾停止摄食。

目前，漳浦地区部分人开始转换养殖模式，即冬棚养殖南美白对虾，夏造则养殖金刚虾。夏季气温高，适合养殖喜好高温天气的金刚虾。从近年养殖效果来看，夏季养殖金刚虾成功率非常高，比养殖南美白对虾成功率更高，取得了很好的经济效益。冬季低温再搭冬棚养殖南美白对虾，水温较低，弧菌病、病毒病发病率更低，成功率也更高。这种南美白对虾—金刚虾的轮养模式，既能转换养殖方式，也能提高养殖成功率，显著提升整年的经济效益。

五、高位池海水养殖尾水生态处理模式

高位池尾水处理模式的构建主要依靠养殖环境中生物食物链传递和约束，以生物净化为主，辅以物理净化，修建生态沟渠帮助尾水定向流动，通过过滤坝和过滤池等净化装置实现养殖尾水综合治

理（图 4 - 4）。

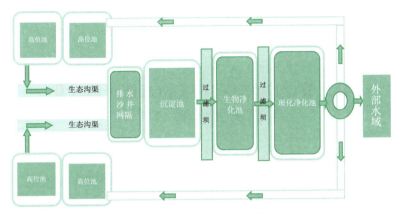

图 4 - 4　高位池尾水处理模式

1. 养殖尾水治理思路

养殖尾水先经排水沙井网隔进行初级过滤，主要分离养殖对虾死亡个体、残饵、粪便等大颗粒污染物，然后排入初沉池（一级池）进行沉淀过滤，再进入生物净化池（二级池）进行净化，最后进入理化净化池（三级池），经沉淀净化后排放。回收 3 个池的沉积物，经过干燥、集中发酵后生产有机肥料，其资源可适度回收再利用。

2. 工艺流程及处理要求

生态沟渠→排水沙井网隔→初沉池（一级池）→过滤坝→生物净化池（二级池）→过滤坝→理化净化池（三级池）。原则上要求养殖用水循环使用，对于特殊情况需要排出养殖场的尾水水质达到《海水养殖水排放要求》（SC/T 9103—2007）中的相应等级标准或者受纳水体接受标准。

3. 治理设施单元面积占比

尾水治理设施总面积占养殖总面积的 10%～16%。适用于沿海高位池养殖模式。

几十上百口高位池的养殖场可以自行进行养殖尾水处理，将所有池塘的尾水集中排入污水处理池，经沉淀、净化水质达标后，再排入大海。只有几口高位池的养殖户，可联和周边养殖户，几户或十几户一起按照池塘比例建设尾水处理设施，改造尾水排放管道，将污水集中连接进入尾水净化池，以达到尾水处理及排放要求。

第二节　广东江门南美白对虾土塘淡化养殖模式实例

一、基本概况

近年来，珠三角地区的"快虾"养殖模式发展越来越成熟，也越来越受人追捧，其发展速度不亚于苏北地区的小棚养殖，通过综合计算，其养殖效率也不输于小棚养殖，正是这种"快虾"模式的发展，让珠三角地区的南美白对虾养殖远近闻名，每年都会有大量淘金者不断涌入养虾大军。同时，也带入了大量资本进入珠三角南美白对虾养殖。

珠三角地区拥有得天独厚的自然条件和地理优势，给水产养殖业的发展创造了无限想象的可能，尤其是南美白对虾的养殖。珠三角地区可以开展一整年的南美白对虾养殖，常见的"快虾"养殖模式1年内至少可以养殖4茬苗，池塘利用率很高。

在珠三角地区，对虾养殖池塘比较稀缺，养殖池塘租赁到期，需要重新"开标"，届时就会与广大用户竞标，只为一举拿下自己想要的塘口。对虾养殖塘口的租金每年都不一样，租金越来越贵更是趋势，但这丝毫不会影响从业者拿下塘口的决心和信心。是什么原因让珠三角广大对虾养殖从业者热衷于如此，答案一定是养殖效益。近年来，"快虾"养殖模式逐渐成熟，种苗、饲料及动物保健的协同配套越来越紧密，养殖户们对三者的投入和重视程度远大于其他区域的对虾养殖。通过养殖模式的复制和改进，大大提高了对虾养殖成功率，许多人都因此赚到了钱，如此就让整个珠三角地区的对虾养殖经久不衰，发展越来越兴旺。

珠三角地区"快虾"养殖模式的发展离不开种苗、饲料及动物保健的协同，但它们之间是怎么协同联系发展起来的呢？除了目前最普遍的传统经销推广服务模式，如水产药店、服务站及经销点等，还有"先拿水面、采用以养代销或转租方式、绑定用户、协同发展"的模式，未来这种模式也有可能成为一种趋势，珠三角地区的对虾养殖用户与种苗、饲料及动物保健等方面存在这种依附关系。

其中江门大鳌区域的南美白对虾养殖，多数为单独家庭式养殖模式，一般有 2～4 口池塘，面积为 15～30 亩。也有个别村内组成养殖合作社模式，当地有资源、资金的养殖户带头，联合区域内 20～50 个家庭，由带头人标塘租塘，提供苗、料、药、塘租等资金，合作社成员只需出人工，参与负责对虾养殖工作，听从合作社安排、调整，收虾后纯利润各占 50%（图 4-5）。

图 4-5　江门大鳌养殖南美白对虾土塘

养殖南美白对虾的池塘应水源良好、进排水方便、池塘保水能力好、池底平整。如能通过水闸自然进水、排水，则池底向排水口倾斜。

池塘的面积一般为 6～10 亩，也有少量池塘为 3～4 亩，池塘的长宽以 5:3 为宜，这样有利于饲养管理和拉网收虾。水深 1～1.5 米较适宜，过浅不利于水温保持或夏天温度过高，过深对增氧不便，易缺氧。

养殖池塘要供电稳定、交通便利。养殖池塘按照1～1.5千瓦/亩的功率配备增氧机。此外，还需要配备大功率水泵等常用设备。

二、养殖管理

1. 养殖池塘的准备工作

（1）池塘清淤　江门大鳌地区南美白对虾养殖池塘每年清淤1次，翻耕池底。清淤的方式一般有两种，一种是采用高压水枪清理底泥，然后抽走；另一种是抽干水后，用挖掘机在池塘底部翻耕，暴晒，清理淤泥加固塘基。

（2）生石灰清塘　生石灰消毒对淤泥多的老塘最为适宜。一般的处理用量为每亩施生石灰100千克。先在鱼塘底部均匀堆放生石灰，再进水10～20厘米，趁石灰遇水起剧烈的化学反应时，用长柄瓢均匀泼洒于池底和塘基。

（3）进水消毒　南美白对虾池塘前期放苗阶段水深一般为70～100厘米，一次性进水后用漂白粉消毒，每立方米水体用量为30～40克。还有些农户习惯用茶籽饼清塘杀灭野杂鱼和螺类，进水最好采用双层80～100目滤网过滤。

（4）培水　对虾养殖池塘水体要求有一定的水色和透明度，这就要求养殖水体中有一定数量的浮游微藻。而浮游微藻的繁殖生长需要有一定量的营养元素，自然水体虽然含有一定的营养盐，但其营养水平不足以培养达到养殖水体需求的浮游微藻丰度，所以需要人为施放浮游微藻营养素，提高养殖水体的营养水平。

浮游微藻营养素可分为无机复合型和无机有机复合型两大类。无机复合型营养素应含有可溶解态营养养分，不易为池塘底部淤泥所吸附，配比合理（如，氮：磷≥10：1），有效性强，适宜绿藻、硅藻、隐藻和金藻等优良浮游微藻的需求。无机有机复合型营养素应含有可溶解态无机养分、有机质、微生物、发酵物等多种成分，保持肥效比较长久。

通常，在放苗之前3～5天施用浮游微藻营养素（单细胞藻类生长素、肥水膏、藻类营养露、加强型利生素等）。如图4-6所示，池底有机质丰富的池塘（肥塘、老塘）施用无机复合型营养素，底质干净的池塘（新塘、铺膜塘、沙底塘）施用有机无机复合型营养素。

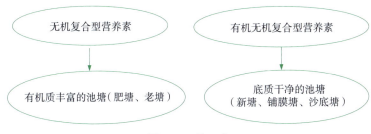

图4-6　培　水

（5）放苗　选择有信誉的虾苗场，购买虾苗应提前2～3天到虾苗场察看，应多看几个池的苗，多了解几个虾苗场，进行比较。从同一苗池里不同的位置分别取样，放在白色容器内，仔细观察。健康虾苗的特征：

外观：虾苗大小均匀、体表干净；肠胃饱满、清晰；附肢完整（无断须、烂尾等）、不发红。

活力：对外界刺激反应灵敏，敲击容器时，能迅速跳开，无沉底现象；离水后有较强的弹跳力。

游泳：在静止状态下大部分虾苗呈伏底状态，受到水流刺激后有顶水现象。游动速度快，有明显的方向性，不转圈游动；搅动水时应逆水游动，水静止时应靠边附壁，而不是停在容器中央。

选择快大或高抗品系的虾苗，需对虾苗进行PCR病毒检测，如EMS、EHP、WSSV、虹彩病毒、副溶血弧菌的检测，检测达标后，取30～40尾虾苗放入养殖池塘的池水中（用白色塑料盆）进行试水，经24小时后，成活率在90%以上，方为达标放苗条件。放苗密度白水塘为4万～5万尾/亩，冬棚虾密度为5万～6万尾/亩。

2. 南美白对虾养成阶段日常管理

（1）定时、全池投喂　江门大鳌区域南美白对虾养殖一般每天定时 6：00、11：00、16：00 投喂配合饲料 3 次，南美白对虾在池塘内分散，故投喂饲料需划船或沿塘基全池投喂。另需增设料台，将当天当次投喂量的 1% 饲料置于料台，观察对虾吃料情况。一般要求料台上的饲料于 1.5 小时吃完为宜，若少于 1.5 小时，可适当增加日投喂量；若多于 1.5 小时，应当注意池塘情况及对虾健康状态，及时调整。

（2）饲料种类和日投喂量　在南美白对虾养殖中，所选饲料一般为南美白对虾配合饲料，饲料占养殖总成本 40% 以上，饲料质量关系到商品虾的品质和质量安全。现在市场上南美白对虾专用饲料生产厂家很多，良莠不分。养殖者选购饲料时，要选择有一定规模、技术力量雄厚、售后服务到位、信誉度好、养殖效果佳（主要以价效比高和成活率高为参数）的饲料厂家生产的饲料。

必须同时符合 3 个条件：

①在为南美白对虾提供充足、均衡营养成分的同时，不能含有违禁成分，符合 NY 5072 标准，对养殖对象无毒害作用。

②在商品虾中无任何有害残留，对食品安全不构成威胁，对人体健康无危害。

③水产动物的排泄物、残饵等对养殖环境无污染，有利于可持续发展。

饲料的产品选择：

①产品应适应养殖南美白对虾不同生长阶段，避免饲料营养配方不相匹配，而发生营养代谢病。

②饲料的粒径要适合南美白对虾的口径大小。

③饲料的整齐度和一致性好。鉴别方法：饲料的表观颜色均一；尝几粒味道差异不大；放入透明的玻璃瓶中浸软发散后，残留颗粒大小差异小。

④黏合糊化程度好，要求饲料袋中无粉尘集中现象，放在水中至少 1 小时不散开。

⑤标识要清楚，包括组成成分、质量参数、出厂日期与保质期、保存要求、使用方法及注意事项等。

确定投饲料量，估测池内虾的数量，根据实测虾的体长、体重、计算出理论的日投喂量（表4-5）。投料量受到多种因素影响，如天气，池内对虾数量、密度、体质（包括蜕壳）以及水质环境情况等。判断投饲料量是否适宜有两个条件：一是投料后1.5小时饲料台上无剩余饲料；二是80％的对虾达到胃饱满。投喂饲料量不符合时应及时进行调整。一般来讲，投苗翌日饲料投喂量为每天每10万尾苗500克，投苗后3~15天内以每天每10万尾苗递增200克，投苗15天后以每天每10万尾苗递增300克。

表4-5　南美白对虾日投饲料量的参数

体长（厘米）	体重（克/尾）	日投喂次数	日投饲料率（％）
≤3	≤1.0	2	12~7
≤5	≤2.0	2	9~7
≤7	≤4.5	3	7~5
≤8	≤12.0	3	5~4
>10	>12.0	3	4~2

估测池中对虾的数量和体重，再结合饲料包装袋上的投料参数（表4-6），大致确定饲料的投喂量。但具体的投喂数量依据对虾实际摄食情况而定。

表4-6　市售某品牌饲料包装袋上饲料投喂量参考

南美白对虾饲料	虾体长度（厘米）	虾体重量（克）	每天投喂（重量百分比）	每天投喂次数（次）
幼虾0号料	1~2.5	0.015~0.2	20~10	3
幼虾1号料	2.5~4.5	0.2~1.2	10~7	3
幼虾2号料	4.5~7	1.2~4.4	7~3	4
中虾3号料	7.0~9.5	4.5~10.9	6~4	4

据相关研究表明，饲料投喂频率为 3 次/天时，饲料系数最低，蛋白质效率最高。随着投喂频率 1~3 次/天增加，饲料系数逐渐下降，蛋白质效率递增；而投喂频率从 3~5 次/天递增时，情况恰好相反。说明过高的投喂频率对对虾的生长并无显著效果反而增加饲料成本。研究认为，投喂频率增加使食物在动物消化道移动反射性加快，未被完全消化吸收的营养物质随粪便排掉，因而造成消化率下降。

（3）水质调控　江门大鳌区域有过境西江水系，因此具有良好的水源。在养殖过程中，大鳌区域南美白对虾养殖采用的是"一塘水一塘虾"的养殖模式，即在放苗前进水培水后，后期基本不会进行大规模换水，只会在养殖过程中适当加水，或少量换水几厘米的操作方式。这就要求养殖户在养殖过程中要进行科学有效的水质调控：首先，有充足的增氧设备，保证对虾池塘溶解氧充足，不会缺氧；其次，定期使用芽孢杆菌、光合细菌、乳酸菌、EM 菌、丁酸梭菌等进行池塘水质调控，调控藻类、pH、氨氮、亚硝酸盐等。最后，配合使用底改剂、解毒剂、消毒剂等对池塘底部、水体和虾体等改底消毒，清除寄生虫等（图 4-7）。

图 4-7　有益菌拌料投喂

南美白对虾的养殖，实质上就是养一塘水，池塘水质好，对虾健康，养殖顺利，饲料利用率高，整个养殖过程投入成本低，产出高，方能使得收益最大化。

三、收益与分析

江门大鳌区域南美白对虾养殖成本组成见表4-7。

表4-7 每生产1千克南美白对虾的成本组成（元）

成本单项	夏造虾	冬棚虾
饲料	7.6~8.2	8.8~9.6
电费	1.2	1.6
人工	1.6	2.4
苗款	3	3
塘租	2~2.4	3~4
设施折旧	0.52	0.8
药品	3~4	4~5
总成本	18.92~20.92	23.6~26.4

注：人工2 000元/（塘·月），塘租6 000~8 000元/（亩·年），电费0.68元/（千瓦·时），增氧机剂维修成本550元/（台·年）。

其中，夏造虾的成本计算是按养殖时间70天左右，冬棚虾按照90~100天计算，夏造虾的养殖成本为19~21元/千克，冬棚虾养殖成本为23.6~26.4元/千克。按照夏造虾60尾/千克，售价44~50元/千克，产量400~600千克/亩，亩利润为10 000~16 000元；冬棚虾30尾/千克，售价56~64元/千克，产量400~700千克/亩，亩利润为12 000~28 000元。

大鳌地区每年养殖约4茬，两茬夏造虾和两茬冬棚虾，夏造虾放苗时间分别为4—5月和6—7月，冬棚虾放苗时间分别为10—11月和1—2月，夏造虾正常养殖时间50~70天，冬棚虾养殖时间 80～100 天。养殖周期短，转化率高，也是大鳌地区对虾养殖的特色。

四、经验与优化建议

1. 合作社模式

村内成立对虾养殖合作社的条件要求，带头人必须有足够强大的资金实力，且做事认真负责，有足够胆量放手让合作成员养殖操作。合作社的带头人与社员必须相互信任，也要求养殖社员管理过程中勤快、认真、负责，且为人信誉好。养殖过程中定期进行水质检测及虾体的弧菌检测，出现水质突变、对虾吃料及形态异常等情况时，必须尽快反馈技术人员，及时进行处理，确保养殖成功率。

2. 快虾模式的要求

快虾模式养殖，夏造虾 50～70 天出虾，冬棚虾 80～100 天出虾，对虾的生长速度非常快，这就要求必须选择快大系优质的虾苗，虾苗检测结果应不携带特异病毒和肝肠胞虫，且整个过程加料、投料量大，对池塘水质造成了极大压力，稍不注意，就容易引起水质恶化、对虾偷死等现象，这就要求养殖户要时刻警惕、注重水质，投入使用较多的水质改良剂、微生态制剂等动物保健产品，要舍得投入，确保水质及对虾健康。

五、三池两坝养殖尾水生态处理模式

主要在池塘升级改造基础上，重新对养殖水域进行规划布局，将养殖进、排水通道分开，利用物理曝气过滤、微生物硝化和生物吸收利用的方法，采用"三池两坝"的工艺流程，实现养殖尾水生态化治理。

1. 养殖尾水治理思路

养殖尾水先通过生态沟渠完成初级过滤与沉降（一级过滤），主要完成分离养殖品种死亡个体、残饵粪便等大颗粒污染物的初级沉降，进入沉淀池（一级池）进行初级过滤，再次沉降悬浮物颗粒等污染物，同时通过添加的微生物进行含氮物质的硝化；经过过滤坝（二级过滤）完成污染物的截留与转化，然后进入曝气池（二级池），开展化学需氧物质和微生物的处理，去除含氮含硫等污染物；再经过滤坝（三级过滤）完成剩余污染物的截留与转化，最后进入生物净化池（三级池），完成含磷物质的吸收转化后排放。回收生态渠道、沉淀池和曝气池中的沉积物，经过干燥、集中发酵后生产有机肥料，其资源可适度回收再利用，生物净化池（三级池）中的有机植物可创造一定的经济效益（图4-8）。

2. 工艺流程及处理要求

生态沟渠→沉淀池→过滤坝→曝气池→过滤坝→生物净化池。原则上鼓励养殖用水循环使用或多级利用，需要排出养殖场的尾水水质应达到《淡水池塘养殖水排放要求》（SC/T 9101—2007）中的相应等级标准或者受纳水体接受标准。

3. 处理设施单元面积占比

尾水处理设施单元面积应根据养殖品种、养殖密度、产量、排水水力停留时间等因素因地制宜进行设计，适用于面积在50亩以上集中连片淡水池塘养殖。尾水处理设施单元包括生态沟渠、沉淀池、过滤坝、曝气池、生物净化池等，其总面积须达到养殖总面积的一定比例，根据不同养殖品种其设施面积建议要求：①鳜、鲈、鳢等肉食性鱼类的尾水处理设施总面积不小于养殖总面积的8%；罗非鱼、四大家鱼及其他养殖品种的则不小于养殖总面积的6%。②虾类的尾水处理设施总面积不小于养殖总面积的5%，蟹类的则不小于养殖总面积的3%。③龟鳖类、鳗鲡的尾水处理设施总面积不小于养殖总面积的10%。为达到尾水处理最佳效果，沉淀池与生物净化池面积应尽可能大，沉淀池、曝气池、生物净化池的比例约为45：5：50。

4. 费用参考

以佛山市南海西樵礼记水产养殖场为例，每亩约6 500元，主要建设内容有池塘方格化改造、清淤固基、三池两坝建设（面积

19亩，约占总面积的10%）、进排水分离等，电费约为每月2 000元（约3 240千瓦·时电），主要用于曝气池配备1台3千瓦的罗茨风机，24小时运行。生物净化池配备1台1.5千瓦的叶轮增氧机，24小时运行。

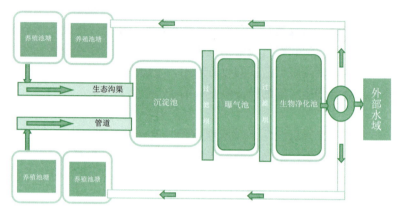

图4-8 三池两坝养殖尾水生态处理模式

第三节 广东湛江南美白对虾滩涂养殖模式实例

一、基本概况

滩涂养殖是指将位于海边潮间带的软泥或沙泥地带加以平整、筑堤、建坝等，利用潮间带和低潮线以内的水域，直接或经整治、改造后从事海水养殖、增殖和护养、管养、栽培。通常直接利用滩涂进行养殖，以贝类（如贻贝、扇贝、蛤、牡蛎、泥蚶、缢蛏等）、海藻类（如海带、紫菜等）为主；经整治或改造后建成潮差式、半封闭式或封闭式的鱼塭（也称鱼港）进行养殖的，以鱼（如鲻鱼、梭鱼、鲷、石斑鱼、鲳、鳗、遮目鱼、非洲鲫等）、虾类（如对虾）居多。

湛江南部海岸渔业有限公司位于湛江市徐闻县和安镇，利用滩涂地带经改造后，形成约10 000亩面积的养殖区域。养殖场实际南美白对虾养殖面积约3 500亩水面，池塘面积约10亩/口，多数为沙底，水泥护坡，池深2～2.5米，每口池配备水车式和叶轮式增氧机6台。海边海堤处有进水闸，养殖场保有一个约500亩的进水蓄水池，预埋进水管道，通过管道抽水进入池塘。进水管与污水排放渠分开，设置有专门的排水渠及污水收集池，进行污水沉淀处理，再排到外海。

养殖场的养殖模式主要为鱼虾混养，主养南美白对虾，套养少量金鲳、罗非鱼等鱼类。南美白对虾平均亩产200～400千克，养殖周期80～100天，出虾规格40～70尾/千克，一年养殖两茬，养殖时间为4—11月，主要投放市面上的高抗品系一代苗，近年来养殖稳定，效益好（图4-9）。

图4-9 湛江南部海岸渔业有限公司养殖池塘

二、养殖管理

1. 养殖池塘的准备工作

（1）池塘清淤 南部海岸养殖场养殖池塘每年清淤1次，收虾后，翻耕，暴晒，清理淤泥加固塘基。

（2）生石灰清塘 一般的处理用量为每亩施生石灰100千克。

先在池塘底部将石灰均匀撒在池塘底部，再进水 10～20 厘米，石灰遇水起剧烈的化学反应时，起到对池塘底部消毒的作用。

（3）进水消毒　池塘一次性进水 70～100 厘米后，用漂白粉或二氧化氯消毒，每亩用量为 20～25 千克。

（4）培水　放苗前使用有机酸等对池塘进行消毒后，使用无机复合型或有机肥料对池塘进行培藻，常用无机复合藻肥，再配合氨基酸营养素、肥水膏以及有益菌芽孢杆菌等进行肥水，培育起水色和 50～60 厘米的透明度，有一定数量的浮游微藻。最好培育出含有绿藻、硅藻、隐藻和金藻等优良浮游微藻的黄绿水和浅褐色水。

（5）放苗　通常选择高抗品系一代苗，因养殖场本身就有小苗标粗场，所需苗的数量大，采用与苗企合作，将虾苗幼体运输到养殖场的标粗场地，由苗企派技术人员到养殖场进行虾苗标粗。标粗虾苗至 1 厘米左右，观察健康虾苗，其特征应为：

外观：虾苗大小均匀、体表干净；肠胃饱满、清晰；附肢完整（无断须、烂尾等）、不发红。

活力：对外界刺激反应灵敏，敲击容器时，能迅速跳开，无沉底现象；离水后有较强的弹跳力。

游泳：在静止状态下大部分虾苗呈伏底状态，受到水流刺激后有顶水现象。游动速度快，有明显的方向性，不转圈游动；搅动水时应逆水游动，水静止时应靠边附壁，而不是停在容器中央。

再对各池的虾苗取样，进行 PCR 病毒检测，如 AHPND、EHP、WSSV、DIVI、副溶血弧菌的检测，检测达标后，取 30～40 尾虾苗放入养殖池塘的池水中（用白色塑料盆）进行试水，经 24 小时后，成活率在 90% 以上，达标放苗条件。放苗密度塘为 5 万～6 万尾/亩。

2. 养成阶段日常管理

（1）定时全池投喂　一般每天 6：00、11：30、16：30 投喂配合饲料 3 次，南美白对虾在池塘内分散，投喂饲料需划船或沿塘边全池投喂。每口池塘均设料台，将当天当次投喂量 1% 的饲料置于料台，观察对虾吃料情况。一般要求料台上的饲料于 2 小时内吃完为宜，若少于 1.5 小时，可适当增加日投喂量；若大于 1.5 小时，应当注意池塘情况及对虾健康状态，及时调整。

（2）饲料种类和日投喂量 选用南美白对虾配合饲料，不同的养殖阶段选择不同粒径的配合饲料。投饲量需根据天气、对虾数量、状态以及水质环境等情况，进行适当调整。

（3）日常管理 在养殖过程中采用"一塘水一塘虾"的养殖模式，即在放苗前进水培水后基本不换水，适时添加新水。首先，配备充足的增氧设备，保证对虾池塘溶解氧充足，以防缺氧；其次，定期使用芽孢杆菌、光合细菌、乳酸菌、EM 菌等进行池塘水质调控，维持菌藻平衡，确保 pH、氨氮、亚硝酸盐等指标处于适宜范围；再次，定期使用乳酸菌、丁酸梭菌等有益菌配合中草药拌料内服，保护肝和肠道，提高消化吸收力，增强免疫力；最后，每 3 天检测 1 次池塘的 pH、氨氮、亚硝酸盐、总碱度、弧菌等指标，每半个月检测对虾 AHPND、DIVI、WSSV 等指标，同时配合使用过氧化钙、沸石粉等改良底质（图 4-10）。

图 4-10 丁酸梭菌拌料饲喂对虾

三、收益与分析

湛江南部海岸渔业有限公司每生产 1 千克南美白对虾的成本组成见表 4-8。

表 4-8　每生产 1 千克南美白对虾的成本组成（元）

项目	成本
饲料	9～10
电费	3
人工	5
苗种	4
塘租	2.5～3
设施折旧	1.2
投入品	2～3
总成本	26.7～29.2

注：人工 2 500 元/（塘·月），塘租 2 000～3 000 元/（亩·年），电费 0.68 元/度，增氧机维修成本 550 元/（台·年）。

其中，夏造虾的成本是按养殖时间 80～100 天计算的，养殖成本为 27～30 元/千克。按照 60 尾/千克，售价 50～60 元/千克，对虾产量 300～400 千克/亩计算，亩利润为 6 900～9 200 元。

湛江南部海岸渔业有限公司养殖面积大，有专业的技术团队，实行鱼虾混养模式，每年养殖 2 茬，放苗时间分别为 4—5 月和 7—8 月，因靠近海边，养殖出来的对虾品质非常高，耐运输，售价比市面上正常卖的虾价格要高 1～2 元。

四、经验与优化建议

1. 优势分析

（1）净化调节水质　对虾精养池塘中，高密度的对虾精养造成了大量残余饵料和代谢物质的沉积，池塘中的有机污染极其严重。在混养池塘中，鱼虾密度较低，投喂量较少，池塘生态系统更容易自净水质。

（2）防控疾病发生　在对虾精养塘中，生物单一直接导致了有机物质循环不畅通，为弧菌等异养菌提供了丰富的营养。尤其是在养殖中后期，有害微生物会大量繁殖，残饵、粪便、生物尸体等大量有机物分解消耗大量溶解氧，产生大量硫化氢、氨氮等有害物质。鱼虾混养模式，由于鱼的活动，增加了水体活力，改变了浮游植物种群组成，创造了对虾生长最适宜的环境条件。鱼对病虾有攻击力，控制了病原体数量的增加和传播，减少了对虾发病损耗。

（3）节约饲养成本　鱼虾混养的养殖成本主要为饲料和电费，尤其是饲料的投入。在混养模式下，鱼虾的饵料除了来自投放的饲料，鱼类还吃浮游生物与病死虾，而虾的饵料还有一部分来自鱼类粪便所形成的有机物以及鱼类的残饵。还能有效控制饲料对水体的污染，维持好鱼虾的生长环境，做到无公害养殖。

（4）促进稳产　鱼虾混养，除了充分利用水体空间、提高单位产量外，还可通过鱼吃病虾这种方法有效控制对虾发病传染死亡，提高对虾成活率。避免了"一旦发病，全军覆没"风险的发生，提高了养殖成功率。虽然虾的产量相对低了一些，但混养的其他种类的总产值提高了，效益仍然相当可观。

2. 注意问题

（1）养殖密度　鱼虾混养模式，鱼虾种苗的投放密度是一个值得注意的问题。总无机氮及其组分的绝对含量随鱼虾放养密度上升而急剧升高，控制放养密度，维持总无机氮及氨氮、亚硝酸盐、硝酸盐含量在合理范围内。建议虾苗放养密度不超过 4 万尾/亩，鱼每亩放养密度为 50～100 条为好。

（2）品种搭配　混养模式，要根据当地情况选择合适的鱼种类和对虾混养，如鲟、鲶等一些攻击性强的中下层鱼类，往往会对虾类造成大的伤害。

（3）用药选择　鱼虾混养过程中鱼、虾生活于同一池塘内，环境改良剂与微生态制剂对鱼、虾生长均有利，生产中较易操作。但鱼、虾对杀虫剂等渔药的敏感性不同，常用的有机磷杀虫剂、菊酯类杀虫剂不能使用，而含氯消毒剂、阿维菌素等的使用也需慎重。鱼病或虾病的口服用药应结合投饵进行，以充分达到预期的用药目的。

（4）水质调控　水质调控的具体要求为：养殖初期以肥水为主要内容，尤其是虾苗下塘时一定要做到肥水下塘。养殖中期，随着水温升高、投喂量增大，水体肥度不断增加，可使用微生物调水剂，帮助分解过多的有机废物。养殖后期，可采取泼洒生石灰、底质改良剂或添加分解亚硝酸盐、硫化氢等有害物的活性菌制剂及增加溶解氧的方法改善底质。

五、滩涂池塘尾水处理模式

该模式主要在池塘建立人工水生态系统，利用内基质、植物和微生物等协同作用，经过物理和生物两重处理，达到去除或消减水中污染物的目的，实现养殖尾水综合处理。

1. 养殖尾水处理思路

养殖尾水先进入生态沟渠完成初级过滤与沉降（一级过滤），主要完成分离养殖品种死亡个体、残饵粪便等大颗粒污染物的初级沉降，进入沉淀池（一级池）进行初级过滤，再次沉降悬浮物颗粒等污染物，同时通过添加的微生物进行含氮物质的硝化；之后，排放至复合型人工湿地或大水面鱼类养殖池（二级池）完成污染物的截留、吸收和转化。回收生态沟渠和沉淀池的沉积物，经过干燥、集中发酵后生产有机肥料，其资源可适度回收再利用，复合型人工湿地（三级池）中的有机植物可创造一定的经济效益。鱼类生态养殖池可吸收尾水中多余的残饵和营养物质，达到净化尾水的效果，且养殖的鱼能创造额外经济效益。

2. 工艺流程及处理要求

主要包括生态沟渠→沉淀池→人工湿地（复合式人工湿地）→养殖池塘（外部水域）。原则上要求养殖用水循环使用，对于特殊情况需要排出养殖场的尾水水质应达到农业农村部《海水养殖水排放要求》（SC/T 9103—2007）或《淡水池塘养殖水排放要求》（SC/T 9101—2007）中的相应等级标准或者受纳水体接受标准。

3. 治理设施单元面积占比

一般要求人工湿地或鱼类养殖池面积须达到或高于所要治理养殖总面积的 20%。适用于面积在 200 亩以上集中连片海水和淡水池塘养殖模式。

第四节 江苏如东南美白对虾小棚养殖模式实例

小棚养虾是指利用小棚所具有的保温、不受外界干扰的特点，搭建 $300 \sim 600$ 米^2 的小棚养殖南美白对虾，达到养殖周期短、见效快、高利润的养殖方式。采用小棚养殖，能降低南美白对虾养殖对地域和温度的局限性，扩大养殖区域选择面，是一个经过实践效果不错的养殖形式。

小棚养殖的虾池建设方式：虾塘常为长方形，面积控制在 $300 \sim 600$ 米^2，深 $0.7 \sim 1.2$ 米。棚高约为 1.8 米。池底一般为土质，池塘边为土质或用地膜和水泥做成护坡，根据地下水井位置用 PVC 管建设好进排水系统（图 4-11）。

图 4-11　南美白对虾小棚养殖模式

一、基本概况

2006年以来，如东小棚养殖南美白对虾模式在江苏省内沿海地区快速发展。据南通市对南美白对虾小棚养殖数量的统计，2020年南通市的南美白对虾养殖面积超过7万亩。目前，小棚养殖南美白对虾主要分布在江苏沿岸附近，形成了规模化的养殖带，并且有往内陆区域延伸的趋势。如东县沿海已在大豫镇九龙村、农业开发区、长沙镇富盐村、丰利镇光荣村建成了4个万亩连片的规模化养殖基地，其中规模最大的是大豫镇九龙村的养殖基地，达到了22 000亩。小棚养殖均由高标准的钢架温室棚代替原有竹木棚，采用微孔增氧设备和技术，使池水保持高溶解氧，提高养殖的成功率和经济效益（图4-12）。

为了确保养殖成功率，一般投放优质的一代虾苗，水体盐度调整至8左右。养殖前期投入较多的饲料、碳源和有益菌，经过1个月养殖，形成稳定的生物絮团。此时，池塘的水开始变混浊，能提高池塘自净能力，有效降解池塘残饵与粪便，减少污染源，可以大大提高养殖对虾的成功率。

每年一般养殖2～3茬，根据各养殖场自身条件和养殖规划，确定放苗时间，大致为：第一茬2—3月投放虾苗，一直把虾苗养殖到 3～4 厘米后再开始分池塘养殖，5 月可以反季节上市，是华东地区最早上市的商品虾，价格优势明显。第二茬在 5—6 月放苗，7—8 月可捕捞上市。第三茬 8—9 月放苗，12 月陆续上市销售。

图 4-12　江苏如东小棚

1. 如东小棚南美白对虾养殖模式特点

（1）池塘小型化。每个池塘 400～600 米^2。

（2）一年 2～3 茬。主要在春季和秋季。

（3）搭建温棚。两造均有温棚，竹架或钢管结构，保温性能好。

（4）养殖密度。放养密度在 4 万～6 万尾/棚。

（5）不排污但微流水。一端进水一端排水，日换水量为 10%～20%。

（6）水浅。平均水位在 50～70 厘米。

（7）低盐度。平均为 5～8。

（8）水质养护。前期以培藻为主，中后期因为水体小，水质波动大，藻类不稳定，主要培菌（黄泥水），形成生物絮团，水质更稳定。

2. 优点

（1）温度好控制　相对当地环境而言，小棚养殖模式升温快，

211

降温慢，提前放苗或延后出虾。温度变化比外界小很多，减少应激。

（2）使用地下水　地下水含有比例较高的 HCO_3^- 离子，有效缓冲 pH，在换水的时候保持总碱度和 pH 相对稳定；地下水相对干净无污染，减少疾病的交叉感染；地下水水温稳定，低温时可提高温度，高温时可以降低温度，达到调节温度的目的。

（3）生产过程可控性高　养殖面积小，增氧投料均匀；投料和对虾生长速度控制得好；比较好调水，用药成本不高；疾病相对易控，实现单位面积产量最大化。

（4）反季销售优势　春季大棚虾 5 月初就能大量上市，是华东地区最早上市的虾和最晚上市的虾，价格高、经济效益好。

（5）普遍养殖一代苗，生长速度快　春季养殖 60～70 天可以达到 120～140 尾/千克。

二、养殖管理

1. 硬件设施

（1）基本条件　池塘为长方形，长 40～60 米，宽 8～10 米，深 0.8～1 米，面积 300～500 米²。池塘坡度与深度比约为 1∶1，池壁铺设塑料薄膜，池底为土质或沙质。池塘中间架设宽约 20 厘米的水泥板过道。

（2）蓄水池　设置蓄水池（过水池），一般要求每 100 个棚配置 8～10 亩过水池，利用蓄水池对养殖用水进行曝气消氨除毒处理，保证养殖用水水质。

（3）增氧设备　每 15～20 米² 放置增氧纳米管圈（周长 50～60 厘米）或气石 1 个，24 小时增氧，不配其他增氧机。同时，保证配电设备和发电机组配套齐全。

2. 前期工作

（1）清塘消毒　养殖初期清塘可用漂白粉或生石灰，先进水（井水）50 厘米，每个棚用漂白粉 50～100 千克能达到很好的消毒效果。用药后打开增氧机搅动池水进行曝气，1周后加水至70厘米左右。

（2）解毒培藻　由于引用地下水，水中含有重金属离子、氨氮高，加上清塘时用了大量漂白粉，所以在肥水前需要使用有机酸进行解毒。肥水时间选择晴天的上午，在肥水前2小时用有机酸解毒。肥水选择藻类营养露＋单细胞藻类生长素为好，如果水中有大量浮游动物（轮虫、枝角类等）则要先杀虫，过2～3天后再解毒肥水。

（3）放苗　肥水3天后可放苗，放苗前要检查小棚内的温度、湿度、pH、氨氮、亚硝酸盐等水质指标，这些指标与育苗池的指标不要相差太大，一般要求盐度差不超过3，温度差不超过3℃，pH差不超过0.3，氨氮、亚硝酸盐在安全范围内。

放苗前要对虾苗的弧菌及病毒等进行荧光定量PCR检测，如AHPND、EHP、WSSV、DIVI、副溶血弧菌的检测，检测达标后，再进行试苗，用盆或碗从小棚池中取些水，放入少量虾苗，在24小时内观察虾苗的活动情况，若无异常可放苗。一般每个棚放5万～6万尾虾苗。在放苗前1天或提前5～6小时泼洒有机酸、维生素C、维生素E和钙镁产品，以增强虾苗的抗应激能力，放苗后也要泼洒微量元素或免疫多糖来提高虾苗的体质和营养。

放苗1周后每天可泼洒草本酵美＋免疫多糖，既可增加营养提高免疫力，又可以帮助虾苗进行食性转化，还可以肥水。应当适当补充钙质，在养殖前期每3天使用1次钙镁产品保持钙的吸收，促进蜕皮，遇到天气突变，及时泼洒多维。

3. 科学投喂

科学投喂管理是保证养殖对虾营养供给的关键，可以通过初投时间、投喂次数、投喂方法、投喂量控制4个方面来衡量，合理的投喂管理不仅有利于促进养殖对虾健康生长，而且还可以减轻池塘水体负担，提高养殖成功率。

（1）初投时间　放苗后翌日即可开始投喂，1天2餐，初始投喂量设定为50克/（万苗·天），单棚放苗密度为5万苗，即第一天投喂量为 250 克，随后每天加料 10%～20%，也可隔天加 1 次。

（2）投喂次数　前中期 1 天 2 餐，为上午（7：00—8：00）、下午（16：00—17：00），投喂量较少，前期未清罾时，每天加料 10%，放苗 20 天左右，虾子清罾，控制在 1.5～2 小时吃完，校正投喂量，养殖至 50 天开始，日投喂量达 5 千克/天时，每天可增加 1 餐，即为 3 餐，分别为早晨（6：00）、中午（11：00—12：00）、下午（17：00—18：00），缩短对虾摄食时间，1～1.5 小时吃完。

（3）投喂方法　苗期以粉状饲料为主，投喂 5～7 天。前期补菌较多，可将粉状饲料和活菌一起混合泼洒，降低劳作强度；放苗 1 周后转喂 0.3P，饲料台可少量放料，观察虾苗吃料情况，此时虾苗体长约 2 厘米；放苗 2 周后换至 0.5P，虾仔体长约为 4 厘米，0.5P 投喂期间为清罾期，投喂 0.5P 的时间为 7～10 天，随后为 0.8P 和 1.0L（表 4 - 9）。

表 4 - 9　如东小棚对虾饲喂量参考

养殖时间	对虾体长（厘米）	建议投喂餐数	投喂粒径	控料时间	备注
0～5 天	0.8～1.5	2	OB	日加料 10%	粉状饲料
6～12 天	1.6～3	2	0.3P		破碎饲料
12～22 天	3.1～5	2	0.5P	2 小时查看	破碎饲料
23～45 天	5～8	3	0.8P	1～1.5 小时，适当控料	破碎饲料
45～90 天	8 至最后	3	1L	1.5 小时足料投喂	颗粒饲料

4. 养殖中期工作

（1）水质管理　由于小棚内水体较小，放苗密度高，空气流通不畅，水体容易发生变化，水质对虾的影响大，因此放苗后要根据水色变化及时进行追肥，采用少量多次的方式，一般每 3～5 天追肥 1 次，补充藻类生长过程中所需要的营养，并定期使用芽孢杆菌和光合细菌等微生物制剂来维持水中藻相和菌相的平衡，营造稳定的水质环境。

养殖中后期补水以井水为主，而井水中重金属和矿物质较多，为预防中毒，进水后用有机酸解毒，既可控制有毒物质超标，又可保持水体通透性。

（2）养殖过程中常见的水质变化和解决方法

①水体有腥味，水面泡沫、悬浮物增多。由于小棚内水体小，空气不流通，地下水矿物质多，导致水体自净能力差，藻类容易死亡，水体黏性较大，不通透。

措施：使用有机酸＋臭氧片全池泼洒，翌日再用浓缩芽孢杆菌＋益乐多活化后全池泼洒。

预防：定期泼洒有机酸＋钙镁，通透水体，增加溶解氧，降解水中重金属，同时定期使用活水宝＋藻类营养露追肥补菌，保持良好水质。

②暴雨、天气突变引起倒藻。一般暴雨、天气突变后，许多小棚会出现倒藻，水体混浊。

防治：先进水 10～15 厘米，用利生解毒宝解毒，然后用藻类营养露＋表面活性剂泼洒，每 3 天用 1 次，连续用 2～3 次就可恢复到正常水色。

③底质管理。对虾是底栖动物，底质的好坏决定了养殖的成败，小棚内温度较高，空气不流通，残饵粪便等底质更容易腐败反酸、发臭。所以，要勤养护池底，维持底层环境清洁，可用臭氧片等底质改良剂改善底质；改底后使用浓缩芽孢杆菌和益乐多补菌，可以把底层的残饵、粪便等有机物分解转化成无机盐供藻类吸收利用。

（3）营养保健　此时，对虾正式进入吃料阶段，小棚内的温度较高，非常适合对虾生长，因此对虾的生长速度较快。为了使对虾体质能跟上其生长速度，必须经常补充营养，使其正常蜕皮和生长，从开始投喂饲料，就要在饲料中交替投喂免疫多糖、草本酵美、丁酸肠乐、肝肠健保等营养保健品和促消化微生物制剂。在对虾蜕皮前后，要泼洒钙镁＋免疫多糖＋微量元素，促进快速蜕皮和硬壳。特别是在昼夜温差较大时，除了在饲料中添加营养物质外，还要定期泼洒维生素 C、维生素 E＋微量元素等增强对虾的抗逆性和对环境的适应能力。

针对不同的养殖期，拌喂不同的内服产品，达到预防疾病的更佳效果。例如，在放苗1个月内要在饲料里添加丁酸梭菌＋免疫多糖＋海洋红酵母，每天2次连喂3～5天，这样既能保证顺利转肝，又能有效预防肠道和肝疾病。开始喂颗粒饲料后，就可全程在饲料里添加免疫多糖＋多维＋草本酵素，既能提高诱食性，又能有效预防和治疗虾的肠胃疾病。当虾养殖1个月后，就要定期在饲料里添加预防细菌和病毒疾病的药品。

小棚养虾日常喂完料后，不要马上提饲料台，以防对虾有强烈的应激反应。晚上巡塘时应把手电筒开为最弱的光，照向要看的位置，不要朝其他方向乱晃，这样做可以防止对虾跳塘、应激，平时多巡塘、多观察，及时发现对虾的异常情况，做到早发现早治疗。

（4）病害防治　在养殖后期主要是以亚硝酸盐高和偷死现象比较常见，其主要原因是前期清塘消毒不彻底，小棚温度高，底质腐败，病菌大量滋生，水质不稳定，藻相不平衡，水色变化快，导致虾持续应激，体质弱，在蜕皮期间偷死。小棚水体小，空气不易流通，在养殖中后期，残饵粪便等杂质得不到充分分解，导致亚硝酸盐浓度普遍增高，引起虾的偷死。营养缺乏，没有定期解毒，导致肝胰压力过大，出现病变，也会出现偷死。

措施：先使用有机酸泼水，然后使用硝化细菌＋过氧化钙降低氨氮、亚硝酸盐的浓度。同时，要定期使用浓缩芽孢杆菌＋乳酸菌＋EM菌等有益菌，补充水体有益菌，形成生物絮团，使池塘有较强的自净能力，分解掉池塘的残饵、粪便等，形成絮团，再供给对虾摄食，降低饵料系数和改善池塘底质环境。蜕皮期拌料内服丁酸梭菌＋海洋红酵母，同时使用微量元素＋钙镁泼水，促进对虾快速蜕皮。

三、收益与分析

如东区域小棚养殖两茬虾均选择一次性全部出售，春虾一般赶早，养殖时间较短，起捕规格一般为 40～60 尾，产量也不高，为 300～400 千克；而春虾直放苗和秋虾，大部分客户选择大规格起捕，最终出售规格为 30 尾左右，产量也达到 500 千克以上，因此从近 3 年小棚养殖情况来看，春虾直放苗盈利水平、养殖成功率均高于锅炉虾。

如东作为小棚模式的始兴之地，在高利润驱使下，其规模发展迅速。2021 年，如东县小棚虾产量近 10 万吨，产值达 51 亿元（均价 51 元/千克），相当于平均棚产达 500 千克/（棚·茬），远高于全国平均水平。

该模式养殖概况见表 4－10。

表 4－10 江苏如东小棚养殖南美白对虾概况

项目	春虾	秋虾
时间	3—6 月	8—12 月
密度（万尾）	6～8	5～6
周期（天）	60～90	100～120
棚产（千克）	300～400	500～800
规格（尾/千克）	80～120	60～80
饲料系数	1.1～1.2	1.2～1.4
成活率（%）	80	70
成本（元/千克）	20～22	26～30
棚利润（元）	8 000～15 000	10 000～25 000

2020 年，如东县锅炉早苗养殖虾养成率达到 60%，大棚直放常温苗成活率达到 70%，高产户高产棚的出现率超 2019 年同期、超历史。下半年秋二茬大棚虾成活率达到 80%。

历经 20 多年的发展，如东南美白对虾产业从起源发展到成熟和飞跃，从原来的单棚 300 千克到现在 1 000 千克产量，可以说，这是一个充满奇迹的地方，是挑战和希望并存的产业。

投入的成本主要包括虾苗、饲料、药品、人工、水电费、塘租。

以一个 400 米^2 的棚，放苗 5 万尾，产量 500 千克计为例。苗种费用在 1 500 元（一代苗 300 元/万尾），饲料价格按照 10 000 元/吨计算，饲料系数 1.1 的话，饲料成本为 5 500 元。塘租 3 000 元，人工、水电均摊上去，一个棚投入应该在 13 000 元左右。在养殖顺利、饲料系数不高的情况下，利润至少在 10 000 元左右，大部分达 15 000 元以上。

四、经验与建议

1. 经验

（1）面积小，进排水容易，抗风能力强，不易倒塌，内部环境更稳定，水质和底质更容易调控。增强了养殖过程中的可控性，如放多少苗、投多少料、虾苗的成活率，排污换水都非常便捷，管理更为轻松，喂虾更为方便。

（2）棚内温度稳定，受外界环境影响较小，即使遇到了连续阴雨天，或者短时间内强降温，或者大暴雨，尽可能保证对虾不受刺激，减小了对虾应激，降低发病的可能性。

（3）基本与外界隔绝的环境，保证对虾不会受到外界流行病、传染病的感染，降低患病的风险。而且每个池面积小，独立分开，即使发病，也是个别的损失，其他的塘控制好，总体没有太大影响，不像高位池或者土池，一个塘出问题了，可能影响整个养殖场。

（4）小棚养殖周期短，通常 60～80 天就能出虾，小棚养殖通常可比露天池提早 10～20 天上市，抢占市场先机，价格行情好。

经济效益：每口池放 4 万～6 万尾苗，产量一般在 500 千克左右，产量高的能达 750～1 000 千克。露天养殖，通常都是一口塘 5～10 亩，产量 1 000～1 500 千克。小棚养殖等于用 1/5 的面积，得到相同的产量，节省土地资源以及养殖成本。

2. 存在的问题

（1）地下水资源日益短缺，并且氨氮超标，部分水源的氨氮含量高达 4.0 毫克/升，易造成对虾黄肝和生长缓慢。养殖用水无前处理，容易造成重金属超标。

（2）养殖中后期棚内温度高（锅炉苗除外），对日常管理要求高。

（3）优质苗种供应缺乏，部分养殖户过于追求产量，盲目提高放苗密度，管理难度加大，养殖风险较大。

（4）养殖规模剧增，扎堆养殖，易造成交叉感染、病害频发，集中上市，对虾售价低。

3. 建议

（1）生物絮团技术与小棚跑道化改造相结合　将生物絮团技术与小棚跑道化改造相结合。将小棚改为跑道式养虾可以显著减少养殖过程中换水次数，甚至实现水产养殖零换水且无污染尾水排放。生物絮团还可以提高养殖对虾的抗病性，提高养殖的成功率。新技术下的对虾养殖产量提高、饲料系数降低，生产成本同步降低。

（2）循环水养殖与小棚养殖结合　利用循环水养殖可以很大程度上减少养殖用水量，在不增加养殖成本的基础上实现更高效率、更加环保的对虾生产模式。排污量显著减少，上一茬对虾养成后整个系统的水质仍保持一个相对稳定的状态，可以进行简单操作处理后投放新的虾苗养殖，养殖水体的重复利用率显著提高。

（3）小棚淡化标粗虾苗　小棚标粗的密度要低很多，每立方米水体仅投放 2 000 尾虾苗，一个 250 米^3 的虾棚可投放 50 多万尾虾苗。小棚标粗淡化方法，使得虾苗到塘成本只有 200 元/万尾，仅为传统标粗场到塘价格的一半。小棚标粗淡化 20 天到 1 个月后虾成长为规格 2 000 尾/千克后再分塘养殖，成活率达到 80%～95%。在进苗前和标粗阶段，通过 PCR 病毒检测，可实时了解苗种状态及质量，保证后续对虾养殖顺利进行和成活率。

（4）小棚养殖结合互联网　使用物联网技术建立的水产养殖水质监测管理系统，只需要打开操作系统就可以进入数字远程监控状态，高清电子摄像头可以实时观察小棚内情况。还可以加装各种检测硬件，呈现简单的水质数据，养殖户通过互联网与技术员沟通交流，及时准确地进行调控。

经过升级改造的新如东小棚，标粗淡化方法使养殖时间缩短，节省成本，提高成活率；生物絮团结合小棚跑道化改造的新模式，以更小的环境代价取得更好的经济效益；结合准确、高效、科学的互联网技术，可避免部分人为原因的养殖事故，大大提高小棚养殖的成功率，节省人力、电力、饲料等各种生产成本，实现现代化养殖的增产增收。

五、如东小棚对虾养殖尾水处理实例

如东丰利镇奋力打好小棚虾尾水治理攻坚战，做法可圈可点，值得推广。该镇光荣、环渔、环农 3 个村有南美白对虾养殖小棚21 812张，养殖面积15 268.71 亩。为了实现南美白对虾养殖尾水污染规范整治的目标，建立了"政府牵头、企业负责"的整体联动机制，强化源头管理，紧盯过程环节，严肃问效问责，有效改善周围居民的生态宜居环境。

丰利镇农渔业办公室党支部将党小组建在虾棚边，按照沿海三村合理分成光荣 9 个片区、环渔 16 个片区、环农 22 个片区，将镇、村党员合理分组，结合"大会＋入户"的形式开展党员与养虾主体"心连心"主题活动，倡导"践行绿水清岸行动和谁污染谁治理的理念"。丰利镇虾规范整治办公室对沿海三村进行合理规划，对养殖过渡区南美白对虾如何规范养殖及小棚虾大产业与水产研究所专家和教授一起探讨，大产业包括对虾养殖、苗种和饲料供应、养殖投入品、对虾出售及加工等一系列与南美白对虾相关的产业，要有统一的标准制度可参考，减少损失，更大限度地提高养殖成功率，于2022 年初对该镇虾养殖过渡区进行了合理规划设计。沿海三村通过各自成立合作社，委托清之源环保科技有限公司，根据虾养殖废水的特点及建设要求，并参照该公司在同类废水处理方面的实际工程经验，编制了《如东县丰利镇南美白对虾池塘养殖尾水处理工程设计方案》，实施了丰利镇南美白对虾小棚虾大产业尾水处理工程项目。

据了解，一期工程养殖主体投资1 080万元，沿海三村共 47 个片区各小棚的养殖尾水经收集后，自流进入生态沟渠，通过生态沟渠中的水生植物系统初步净化养殖尾水。随后流入沉淀池，去除水体中的悬浮物、排泄物、残渣等物质。经过第一道滤坝过滤，坝体填充陶粒、火山石、鹅卵石等大颗粒的滤材，进一步去除水中的悬浮物。后进入兼氧池，通过兼氧菌去除尾水中的硝态氮。经过第二道过滤坝过滤（功能同第一道过滤坝）后进入曝气池，通过曝气池中的微生物和水生植物，进一步分解水体中的有机物，在曝气池末端排水处，配备水泵等提水设施，回流进入兼氧池，通过内循环提高脱氮效率。经过第三道过滤坝（功能同第一道过滤坝）后进入净化池，通过水生植物和底栖动物，强化水体的净化能力，根据需求循环利用或达标排放。

丰利镇党建引领，多措并举，在虾养殖过程中水产品质量安全监管横向到边、纵向到底，确保了养殖过程中的安全，同时该镇综合服务中心尾水处理技术依托南通市农村专业技术协会，研发农业类科技成果 4 项，分别以第一完成单位获 2017、2019、2020 年度南通市科学技术推广奖三等奖 3 项。到目前为止，项目一期已竣工，各片区通过排污管道统一纳管，部分地区加装了提升泵站，集中收集，通过四池三坝，经过沉淀、过滤、曝气、增氧、菌种生物处理等工序，使得沿海三村的南美白对虾养殖环境得到了很大的改善，为南美白对虾的健康生态奠定了基础，为小棚养虾产业挖掘更多更高效、更环保、更稳定的发展路径，助力如东乡村振兴。

第五节　山东东营南美白对虾工厂化养殖模式实例

工厂化养殖代表着更先进的设施设备、更前沿的养殖理念和更高的生产力，是当前先进的水产发展模式之一，也是发展现代高效渔业的重要着力点。近年来，东营市立足资源禀赋，大力发展工厂化养殖，打造渔业发展新引擎，提高盐碱地综合利用效益，工厂化养殖产业迅猛发展，东营市成为北方重要的工厂化养殖基地。2022年，全市工厂化养殖面积达到 100 万米^2，养殖品种覆盖对虾、海参、梭子蟹、鱼类等，同比增长 150%。

东营市突出集约化、园区化发展，坚持用工业化理念发展现代渔业，充分利用东营市盐碱地资源，集聚土地、人才和资金要素，以标准化、园区化、集群化为发展方向，优化养殖结构和布局，实施水产绿色健康养殖"五大行动"，引导工厂化养殖向渔业园区集聚。

东营市重点推进建设市现代农业示范区、垦利现代渔业示范区、河口中心渔港、利津刁口、东营经济开发区等五大现代渔业产业园区，打造百亿级工厂化养殖产业集群。同时，大力开展招商引资，吸引世界 500 强企业华润集团、正大集团、中城投集团，以及海大集团、通威集团、恒兴集团等业内外众多龙头企业在东营布局，围绕苗种繁育、养殖、加工、饲料等全产业链开展投资建设，形成产业园区集群化发展模式，总投资达到 63 亿元。预计 2025 年，东营市工厂化养殖面积达到 200 万米^2，年产对虾 6 万吨，产值超百亿元。

一、基本概况

白雪松毕业于中国海洋大学，2018 年他在山东东营建起对虾养殖基地，主要进行工厂化养殖。刚创业时，因实操经验不足，养出的南美白对虾个头小无法销售，但白雪松爱挑战、敢冒险，仅用 4 年就琢磨出 50 多个养虾专利，不仅养出大个头的对虾，还将 1 千克对虾卖到 96 元，2022 年销售额达到 3 000 多万元。

虽说是学水产的科班出身，但上手养虾，对于白雪松来说还是头一回，白雪松很有信心，他认为在资金有限的前提下，把虾养好的关键在虾苗。他把大部分钱花在买品质比较好的虾苗上，自己没日没夜地在车间琢磨养虾技术，3 个多月后他成功养出了第一批虾，个头虽不算大，1 千克 80 尾左右，但是顺利出塘上市，卖了80 多万元。但第二批养殖时却没那么顺利，虾大量死亡，存活下来的虾也都很小，1千克只有150多尾，亏损达270万元。

工厂化养虾和露天泥塘养虾是有区别的，泥塘由于水体面积大、对虾密度小，水面基本不会有泡沫，但是工厂化养虾，虾池面积只有45米²，最少能产750千克对虾，养殖密度高，所以虾池表面会有漂浮的泡沫有机物。"泡沫"是养虾池里的"晴雨表"，虾池里的泡沫其实主要是虾的饲料和粪便产生的。通过观察一定时间内整个池子泡沫的覆盖率和不同阶段对虾的吃料速度及泡沫变化的规律，来判断对虾吃饲料的时间，实现精准投喂。在固定投喂时长里，一旦泡沫覆盖率高于正常值，则说明虾有问题。为了能更加准确地掌握虾池的泡沫变化情况，白雪松顶着压力再次贷款，在每个虾池上方都安装了摄像头，建立起了监测系统（图4-13）。

图4-13 工厂化养虾池

监测系统每隔1小时会实时拍下一张照片，来对比泡沫覆盖率的变化，技术人员如果发现异常值，可以迅速对虾池进行检查。不仅如此，白雪松还研发了设备精准掌控虾池内虾苗的密度，以及AI视觉养虾系统，检测对虾的体长、体征变化。2019年底开始，白雪松陆续申请了40多项专利，涉及南美白对虾养殖的方方面面，他还编写了养虾手册，让员工更快上手，减少失误率。经历了一次失败之后，白雪松靠几十个技术专利将养虾成功率提高到了60%。

在同行看来，白雪松的养虾方式颠覆了传统的养殖模式，是一种更智能高效的方式，他也毫不吝啬，把自己的技术分享给同行。

技术的升级让规模养虾趋于稳定，接下来，白雪松开始往提高品质上探索。在市场中，虾的定价是由个头大小决定的，个头越大单价越高。1千克40尾规格的大个虾可比1千克60尾规格的虾单价高10元左右。但是行业内养大虾的人并不多，因为养殖时间越长，风险越高。白雪松决定挑战一下，改变以往整池卖虾的方式，分批卖，不断调整养虾密度。在达到出塘标准的时候，先卖掉一部分，接下来的15天让剩下的虾继续生长，这个过程就是疏苗。

养一批对虾需要3个多月，这段时间里疏苗2次，加上多次净化改变水质之后，再把水加热到28℃，恒温养大虾，当对虾长到1千克40尾左右时，再严格把对虾的吃料速度控制在40分钟，每天喂6次，少食多餐。在15天中对虾很快就长到了1千克30尾的大小，1千克最高能卖到96元。创业不到5年，白雪松一直在不断创新技术，现在他的养殖成功率达到90%，疏苗两次后，一个虾池的累计产量可达900千克，年产量达到450吨。

1. 东营工厂化南美白对虾养殖模式特点

一般养殖三茬虾（东营、莱州、海阳模式）：第一茬，1月中下旬至5月；第二茬，4月下旬至7月；第三茬，8—12月。

第一茬虾：养殖成功率高，盈利好。

1月中下旬、2月初投苗（空运苗PL5，密度2 000～3 000尾/米^3），集中标粗1个月左右分苗（密度1 000～1 500尾/米^3），20天后再一次分苗至整个车间（密度400～500尾/米^3），全程锅炉加温，早出虾，抢高价，产量平均5～7.5千克/米^3，出虾规格60尾/千克左右，虾价70～84元/千克，养殖成功率较高（50%以上），盈利较好的一季。

第二茬虾：养殖难度较大。

提前于4月投苗标粗，第一茬出完虾，车间准备好，第二批就可以分苗，高温期养殖难度较大，虾价低，成功率远远不如第一茬，不到30%。

第三茬虾：气温走低，年底出虾。

一般 8 月、9 月投苗，12 月出虾，气温逐渐走低，养殖成功率也不高。第二、第三茬，整体虾价偏低，但大规格虾（40 尾/千克规格）虾价较好（54～60 元/千克），一般养殖周期较长，4 个月左右。

潍坊主要模式：一年养殖 4～6 批虾，全年循环养殖（部分养殖户 8 月高温期会停产修棚），有独立标粗车间，养殖周期 75～80 天，投苗密度是普通工厂化 2～3 倍，达到 800～1 200 尾/米³，产量 12.5～20 千克/米³。

2. 优点

（1）养殖密度高，节地、节水、节能，不新占土地，水循环利用，改变传统池塘养殖大量换水和年终干塘方式，大大节约水资源。

（2）可根据实际需求量身定制，不受传统养殖场的场地大小影响，不受环境和气候影响。

（3）养殖池之间互不连接，互不影响，安全可控，问题可控。可根据实际情况进行分批分阶段养殖，实现全年都有产出，旺季可提高对虾的单价，增加养殖户的经济效益。

（4）养殖水体质量优良，养殖人员可随时观察对虾的状态和投料情况，根据需要投料，减少了饲料浪费，降低了饲料系数和养殖成本。同时，养殖场可以全程掌控和预估每个养殖池的产量。在以往的传统外塘养殖中，只有在收虾之后养殖场才能获得产量数据。

（5）可根据需要分别养殖不同的品种，品种不同规格也不同。尤其适合高密度培育大规格对虾，或暂养净化商品对虾，提升健康品质。

室内工厂化养虾具有先进的养殖装备，养殖全过程都可以采用机械化或自动化操作，大大提高了养虾的科学性，节省养殖户的精力。室内工厂化养虾产品可以做到均衡上市，达到社会、经济和生态效益良好的效果。

二、基础条件

1. 水源

沿黄、渤海，地下水资源丰富，水质清澈干净，污染小，无氨氮、亚硝酸盐，重金属不超标，全年水温 15～20℃，盐度 20 以上，非常适合养殖南美白对虾。

潍坊大家洼水源也来自地下井水，两口井：一口井深 70～80米，卤水（盐度 60 以上），另一口井深 300 多米，淡水，通过混合勾兑成盐度 20 左右的水，水温 20℃以上，蓄水池沉淀曝气、消毒、预热处理，再进入养殖池使用。

2. 硬件设施

（1）养殖车间　养殖池大多为水泥池方形池（5 米×5 米，6米×6 米，7 米×7 米），以及长方形池（面积 1～2 亩），锅底形，可中间排污，保持水深 0.8～1.2 米（图 4-14）。

图 4-14　方形池（5 米×5 米）（左），2 亩的长方形池（右）

一个养殖车间 800～1 200 米³，1～2 个大水泥池，或 20～30个小水泥池，钢架结构，双层塑料薄膜，便于保温（图 4-15）。

（2）增氧设施　一般使用罗茨鼓风机，大水泥池还会添加水车式增氧机，增氧功率 10～15 瓦/米³，气石（每平方米 2～5 个），纳米管（沿中央排污口分布，形成水流，利于排污）（图 4-16）。

（3）加温系统　使用锅炉或地下热水井（深 300 米以上，水温

图4-15 工厂化池采用双层塑料薄膜

图4-16 池底增氧纳米管（左），罗茨鼓风机（右）

可达70℃），通过热交换器调节所需水温。随着燃煤锅炉取缔，环保加温系统（生物油脂、生物质、电热系统、天然气加温）将得到发展，加温成本升高（图4-17、图4-18）。

图4-17 卧式燃煤锅炉（左），电加温（右）

图 4-18　进水循环泵

三、养殖管理

1. 前期准备

（1）车间清洗消毒　上一季养殖结束后，部分养殖户急于放苗，车间清洗消毒往往不彻底，导致养殖出现标苗不顺，养殖过程出现有害菌、肝肠胞虫感染，对虾长不大，甚至将虾全部排掉，舍弃。建议至少预留 15 天时间来处理车间，再投苗。车间彻底清洗（最好用淡水）、消毒，不留死角。

具体措施：

①用稀盐酸或草酸＋过氧化氢彻底清洗养殖池内外壁，用高压水枪冲洗干净，走道、墙壁等也要冲洗干净，不留死角，车间晾干。

②再用氢氧化钠（浓度至少为 2.5%）溶液清洗池子，高压水枪冲洗干净，暴晒至少 27 天。

③池子加满水（最好用淡水），使用至少 200 毫克/升漂白粉或高锰酸钾浸泡 3～5 天，排水时还能将排污管道进行消毒。再清洗干净、晾干。

④关闭门窗，使用甲醛＋高锰酸钾熏蒸车间，2 天。

⑤池子内壁刷黑色油漆，以防缝隙内残留病菌、寄生虫卵，便于彻底清洗消毒。

（2）水质处理　水源（井水或自然海水）的氨氮、重金属、病菌有时会超标，使用前经过消毒、沉淀处理，24小时曝气（整池均匀曝气，不留死角）。

（3）进水、消毒、补菌　放苗前2天，水经过沙滤池或锰沙罐过滤处理，进入养殖池，24小时曝气，然后用过硫酸氢钾复合盐消毒，5小时后使用有机酸解毒再补芽孢杆菌和乳酸菌。放苗前1天，使用虾片（80～100目）泼水，培养水色。

水质合格指标：

水温24～25℃，盐度20～30，pH 7.9～8.2，氨氮0，亚硝酸盐0，钙>120毫克/升，钙镁比（1～3）∶1，总碱度>150毫克/升。

2. 放苗集中标粗

投苗前1～2小时，泼洒解毒抗应激。一般投放空运苗P5，密度2 000～3 000尾/米³，苗袋放在水中10～20分钟，待苗袋内外水温一致时放苗入池，集中标粗。当餐不投喂，晚上补钙。水温逐步升高至28～30℃，虾苗体质逐渐恢复，开始摄食，可投喂活的丰年虫，对于虾苗体质恢复效果更好。

3. 分苗

标粗30天左右，虾体长达到3～5厘米开始分苗，密度300～500尾/米³，错开蜕皮高峰期，选择虾状态较好时分苗，一般选择晴天上午。

母池、分池水体提前1天使用过硫酸氢钾复合盐消毒，补菌，水温、盐度、pH等指标调节一致，也可抽5厘米母池水添加到分池，减少应激，或分池提前肥水。

分苗操作：动作要快，组织分工，井然有序；虾苗入分池后，立即泼洒解毒抗应激灵，当餐不投料，晚上补钙。

4. 水质维稳

工厂化优良水质标准：水质清爽，水质指标正常，保持相对稳定，总菌数高，绿弧菌不超标，藻种多样化，不良藻类少，菌藻平衡。

具体措施：

（1）"二泡"（泡肥、泡菌）全加桶，2～3天交叉使用1次，相当于持续向水体补充碳源、氨基酸肥、多种有益菌及代谢产物、矿物元素等，水体营养全面均衡，从而维持菌相、藻相的平衡，水质稳定，操作简单高效，调水成本降低。

（2）每天换水、排污，随着养殖天数的增加，每天换水量及排污次数逐渐增加。

（3）夏季光照过强时使用遮阳网，减少光照，防止藻类繁殖过快、老化。

5. 净底

标粗期主要投喂虾片和粉料，不易排污，容易臭底引起病菌感染，所以养殖前期一定要注重底改。可使用生物底改（2～3天/次），配合化学底改效果更好。中后期主要通过旋转水体排污净底，同时配合生物底改和化学增氧底改。

6. 防病

主要病害由弧菌引起，最好每3天检测1次。一般不要使用化学消毒剂杀菌，多使用有益菌以菌抑菌。

要经常拌喂乳酸菌、丁酸梭菌等有益菌预防虾体病菌超标，促进消化，增强体质，同时要保持水质、底质干净清爽，高溶解氧也能减少病菌繁殖。

近年来，肝肠胞虫感染频繁发生，导致对虾长势慢，大小不均及肝病变，危害较大，主要预防措施：

（1）从源头上预防，苗种选择大公司品牌苗，最好经过PCR检测，不携带肝肠胞虫。

（2）养殖池及车间走道使用氢氧化钠清洗，杀灭病原。

（3）如已确诊感染肝肠胞虫，可通过降低密度，拌喂大蒜、聚维酮碘来缓减。

疾病防控是一项系统工程，需要投放优质的苗种，保持水质清爽稳定，底质干净，常拌喂保肝、增强免疫、营养等产品增强虾体质等。

7. 投喂与保健管理

（1）饲料选择　工厂化南美白对虾养殖属于高密度、集约化养殖，水体中浮游动物及藻类较少，绝大部分依靠饲料来提供营养，对饲料要求比较高。

①需求生长快，肝负担大，对进口鱼粉质量、原料新鲜度要求更高。

②空间拥挤，蜕皮要求更整体，对蜕皮素、钙磷、微量元素的需求更高。

③密度高，抗应激要求更高，浮游动植物少无法额外补充，对饲料中虾青素、维生素和 DHA 需求更高。

④产量高，生长速度快，对可消化的 10 种必需氨基酸、16 种维生素含量和平衡性要求更高。

（2）对饲料加工工艺要求更高

①对水质管理要求高，不能坏水。水体较小，对饲料合粉率和耐水性要求更高，减少粉尘和残饵污染。

②对消化吸收率要求更高。对粉碎细度和熟化度要求更高。

③对配料精度和混合均匀度要求更高，每一颗饲料都是全价的，防止摄食营养不均一，营养缺乏或中毒。

④对饲料粒径细分度要求更高（0.3P、0.5P、0.8P、1.0P、1.2P），养殖过程转换不同规格饲料更方便。

（3）投喂管理　科学合理的投喂是保证对虾健康生长的关键。工厂化养殖一般投喂 4 餐（6：00、11：00、16：00、20：00），投料量控制在 1 小时吃完，通过饲料台、抄底和排污查看吃料情况，控制投喂量。同时，也要考虑天气、水温、虾的健康状况，合理投喂。投喂 2 小时后，可以排污，排掉残饵、粪便，减少水质污染。

投苗后，前 10 天以投喂丰年虫和虾片为主。丰年虫提前孵化，并且要进行消毒处理后才能投喂；虾片需要通过 80 目网袋搓洗后再投喂。10～20 天投喂开口粉料，可掺着虾片一起投喂。20 天后可以投喂 0.3P 粒径饲料。后续根据虾的大小，选择合适粒径的饲料。

养殖不同阶段合理投饵保证养殖需求（以海大饲料为例）：

苗期（0～20 天）：高动物蛋白足营养、加料 10%～20%。

苗期（0～20 天）：养殖 0～7 天投喂高级虾片＋丰年虫，8～10 天投喂虾苗宝 1#，11～20 天投喂虾苗宝 2#。

转肝期（21～60 天）：投喂虾肝宝保肝强体质，21～27 天投喂虾肝宝 0.3P 饲料，28～40 天投喂虾肝宝 0.5P 饲料，41～60 天投喂虾肝宝 0.8P 饲料。

后期（61 天～出虾）：投喂工厂化专用料和虾肝宝颗粒饲料。

8. 内服保健

工厂化养殖大部分养殖户选择每餐都拌料来提高虾的体质，增强免疫力。拌料内服的种类有多维、免疫蛋白、钙、多糖、中草药、有益菌等。

四、收益与分析

东营工厂化养殖对虾大部分选择一次性全部出售，目前也有部分是多次出虾，捕大留小。1—5 月这批，起捕规格一般为 20～40 尾/千克，产量高，全程锅炉加温，早出虾，抢高价，产量平均5～7.5 千克/米³，虾价 70～84 元/千克，养殖成功率较高（50% 以上），为盈利较好的一季。6—10 月养殖成功率较低，收益小。

东营地区利用工厂化反季节养殖，可使商品虾在淡季上市，并能获得良好的经济效益，最好的上市时间是在元旦、春节及 5 月，某年 5 月的最高售价为 116 元/千克。

该模式每生产 1 千克南美白对虾的成本组成见表 4-11。

表 4-11　每生产 1 千克南美白对虾的成本组成（元）

成本单项	春造虾	秋冬虾
饲料	9～10	12～15
水电煤费	4	4.4

（续）

成本单项	春造虾	秋冬虾
人工	2.4	3.2
苗款	2.5	3.5
塘租	5～6	6～7
设施折旧	3	3.6
药品	4～5	5～6
总成本	29.9～32.9	37.7～42.7

注：人工 5 000 元/月，电费 0.68 元/（千瓦·时）。

其中，春造虾的成本是按养殖时间 80～120 天计算，秋冬虾成本按照养殖时间 90～130 天计算，春造虾的养殖成本为 29.9～32.9 元/千克，秋冬虾养殖成本为 37.7～42.7 元/千克。按照春造虾 40～60 尾/千克，平均售价 70～82 元/千克，对虾的产量为 7.5～12.5 千克/米^3，单位平方利润为 300～625 元；秋冬虾 40～60 尾/千克，平均售价 50～60 元/千克，对虾的产量为 5～10 千克/米^3，单位平方利润为 100～200 元。

五、经验与优化建议

从近年走访各地工厂化养虾所了解的情况看，大多数水泥池工厂化养殖都是全程以换水为主，以微生物制剂净水、抑藻为辅。这样的水质管理模式存在一定的局限性，如在养虾中后期，由于投料量大，粪便、死藻等有机物积累日益增多，单纯依靠这两种模式净水，很可能会造成养殖中后期水过黏、水板结等水质问题，导致病害频发。

工厂化循环水养虾的高效益估计会令许多水产从业者动心，但不可否认的是，这个养殖模式对于养殖技术和管理水平有很高的要求，而因为技术问题，当前的南美白对虾工厂化养殖模式也有诸多问题亟待解决。以下几个问题是目前工厂化养虾中尤其突出的。

1. 存在的问题与常见病害

山东沿海地区工厂化循环水养虾发展的限制条件比较多，虽然在国内发展得比较早，但在全球范围内当前仍然处于较低的初级水平。尽管这几年我国循环水养殖发展速度较快，但是养殖主体多为个体户，规模化养殖企业不仅数量极少，而且总体规模也较小。

（1）整体发展水平较低　目前，工厂化循环水养殖的方式大体上分为流水养殖、半封闭循环水养殖和全封闭循环水养殖3种形式。在山东沿海地区，受水处理成本高、海水或者地下卤水资源较充足等因素的影响，绝大多数还是以流水养殖为主，真正意义上的全封闭工厂化循环水养殖工厂极少，技术应用还处于工厂化养殖的初级阶段。海阳、莱阳等地区的工厂化养殖基本上还是采用"人工养殖池＋厂房外壳"的低端模式，设备、设施较少，单位产量较低。据统计，流水工厂化养殖单位水体产量为 $10\sim15$ 千克/（米^3·年），而发达国家密集型的循环水养殖系统产量高达 100 千克/（米^3·年）。总体来看，山东沿海的工厂化多以流水工厂化养殖为主，养殖模式的发展水平依旧处于初级阶段。

（2）投入高、回收难、风险大　无论是流水养殖还是循环水养殖，工厂化水产养殖前期要投入大量资金用于养殖工厂基础建设、养殖设备采购安装、苗种饲料购买以及技术人员的招聘等，投入资金很大。例如，烟台地区的工厂化养殖场租金多在 6 万元/（亩·年），中小散养殖户几乎无法承担。同时，工厂化养殖的资金回收时间相对较长，运行管理、成本控制、产品销售等因素都影响着成本的回收与盈利。长期存在的"高投资、高风险"问题，直接限制了工厂化水产养殖模式的发展。

（3）养殖技术、管理水平还不能适应需求　据近年来从事工厂化水产养殖的养殖户反映，目前循环水养殖系统的运行成本相对较高，主要表现在能耗上。经过多年实践，传统循环水养殖系统的缺点逐渐暴露出来，操作管理难、维护成本高、运行能耗高等问题始终无法得到彻底解决。另外，工厂化水产养殖对养殖技术要求非常高。一般情况下，无论何种规模的养殖场，在养殖过程中都会招聘至少1名水产技术员在养殖管理上进行全程跟踪指导。但实际上，当前水产养殖行业这种专业有经验的水产技术员少之又少，尤其是近年来随着养殖环境的变化，对于该类水产技术员的能力要求也越来越高，两个硬性要求也在凸显：一个是水产养殖相关专业科班出身，另一个是多年养殖成功的实践经验。

（4）水质污染严重，病害频发　在高密度、集约化的工厂化养殖环境下，饲料投喂喂用量是土塘养殖的十几倍甚至是数十倍，大量残饵粪便极易造成养殖水质严重污染。饲料残饵、对虾的粪便在水中分解出过量的氨氮、亚硝酸盐、硫化氢等有害物质，是造成对虾中毒死亡的直接原因。另外，海水中的弧菌、大肠杆菌等一些有害菌有了良好的繁殖环境，进而引起病害发生。因此，工厂化水产养殖对养殖水质的要求特别高，而且流水养殖模式对换水量要求也特别高。

2. 建议

虽然山东沿海地区的工厂化养殖模式还处于较低的发展水平，但毋庸置疑，发展海水工厂化养殖符合山东省人多地少、水资源紧缺、环境保护的现实情况。从养殖情况来看，工厂化养殖具有产量高、效益好、易于管理、不受季节变化的限制等优点，符合水产养殖集约化、规模化、现代化的发展方向，是山东省大力发展水产养殖业的一个重要契机。

（1）推进工厂化流水养殖模式向循环水养殖模式转变　自21世纪以来，潍坊、烟台、青岛等沿海地区，积极发展"深水井＋大棚"的工厂化水产养殖模式取得了较好的经济效益，但是从可持续发展的角度来看，迫切需要从工厂化流水养殖模式向循环水养殖模式转变。当然，实现循环水养殖模式的重要一点就是循环水养殖系统的革新，真正开发出易于管理的循环水养殖系统。

（2）增强对水产相关技术人员的培养力度　整体上来看，农林牧渔对于人才的需求还存在很大缺口，工厂化水产养殖对于技术要求极高，以往传统养殖模式下的靠经验养殖几乎行不通了。工厂化养殖模式对于水产技术员的学历背景提出了更高要求，这是时代和行业发展的必然要求。因此，需要山东省内各大院校提高对水产养殖学科的重视程度，加强水产学科建设，并对水产养殖学科的高校人才做好行业前景展望和从事行业引导。

（3）加大对工厂化水产养殖技术推广的政策补贴　受安装设备、场地租金等多方面因素影响，无论是流水养殖还是循环水养殖，工厂化水产养殖模式的综合养殖成本一直居高不下，但该模式又是今后的发展方向，建议将工厂化水产养殖设施建设与国家农业基础设备改造补贴、农机补贴等政策相结合，并进一步降低农业用电成本，沿海各县市区成立工厂化水产养殖示范基地，切实降低养殖个体和企业的负担，推进工厂化循环水养殖系统的推广使用。

六、工厂化养殖尾水生态处理模式

该模式的构建主要依靠机械设备循环处理养殖排水，通过物理初筛分离，化学中和降解和生物吸收过滤三级处理实现养殖用水循环使用，达到尾水零排放的综合处理。

1. 养殖尾水处理思路　养殖尾水先经过微滤机（一级池）进行初级过滤，主要分离养殖品种死亡个体、残饵粪便等大颗粒污染物，然后进入蛋白泡沫分离器（二级池），通过内置设施和化学吸附剂完成含氮、含硫物质的截留与转化，最后进入生物过滤池（三级池），进行含磷物质的吸收转化后排放。回收 3 个池的沉积物，经过干燥、集中发酵后生产有机肥料，其资源可适度回收再利用，生物过滤池（三级池）中的有机植物可创造一定的经济效益。

2. 工艺流程及处理要求　微滤机→蛋白泡沫分离器→生物过滤池。原则上要求养殖用水循环使用，对于特殊情况需要排出养殖场的尾水水质应达到农业农村部《海水养殖水排放要求》（SC/T 9103—2007）中的相应等级标准或者受纳水体接受标准。

第六节 南美白对虾养殖过程水质调控实例

一、处理蓝藻高效新思路——生物竞争法

蓝藻（图4-19）暴发原因：

（1）高温，水温达到28℃以上，蓝藻会随着温度的升高暴发越来越厉害。

（2）投料量大，多种有机营养溶于水中，水体富营养化，蓝藻暴发。

（3）大量使用氮肥、磷肥，蓝藻暴发。

图4-19 蓝 藻

蓝藻的危害：

（1）抑制其他有益藻的生长。

（2）蓝藻死亡，引起池塘底部变化，滋生寄生虫和有害菌等。

（3）造成白天水体氧气过剩，夜间鱼虾缺氧。

（4）繁殖过程分泌大量藻毒素，造成鱼虾中毒死亡。

处理思路：

多数养殖户想快速处理蓝藻，选择红霉素、硫酸铜等化学类杀藻剂，能快速杀藻，但刺激性大，造成鱼虾应激，出现损失，且易反弹，蓝藻暴发更严重。

生物竞争法，通过微生物的调控，使用光合细菌和芽孢杆菌等功能菌，调节池塘环境，抑制蓝藻繁殖，改善池塘藻相结构，保持水色的稳定，不易出现蓝藻反弹（图 4 - 20）。

图 4 - 20　欣海利生公司产品

案例 1

养殖户：台山陈老板。养殖品种，南美白对虾。养殖模式，土塘精养。面积，塘 1 约 12 亩，塘 2 约 8 亩。

池塘情况：

（1）池塘水深 1 米左右，放苗密度 3 万尾/亩（高抗苗）。放苗 16 天后，水面暴发大量蓝藻，取水样镜检，以铜绿微囊藻为主。

（2）水质指标。pH 9.2、氨氮 0.1 毫克/升、亚硝酸盐 0.1 毫克/升。

处理措施：

（1）第一天上午先用"爽水灵"，1 包 2 亩，下午再用"高浓度光合细菌"，1 瓶 2 亩，全池泼洒。

（2）第二天早上用"强力菌"，1 包 2 亩（前 1 天晚上先用红糖扩培），全池泼水。

效果反馈：

第三天观察：两个蓝藻塘的水色已从深蓝色转为嫩绿色，镜检，发现以绿藻为主，蓝藻很少，处理蓝藻效果明显。水质指标，pH 8.6、氨氮 0.1 毫克/升、亚硝酸盐 0.05 毫克/升（图 4-21、图 4-22）。

使用前

使用后

图 4-21　池塘 1 处理前后对比

使用前

使用后

图 4-22　池塘 2 处理前后对比

案例 2

养殖户：澄海林老板。养殖模式，土塘鱼虾混养。养殖天数，76 天。面积，16 亩，水深 1.2 米。

池塘症状：水色较清，蓝藻大面积暴发，水体中漂浮蓝藻颗粒。

原因分析：养殖前期使用化肥过多，池塘中氮磷含量高，高温天气藻类老化死亡，蓝藻暴发形成优势，覆盖全塘 1/3。镜检，发现微囊藻较多。

处理方案：

（1）第一天晚上排出 1/3 的水。

（2）第二天上午使用"爽水灵"8 包，晚上从隔壁池塘引进有益藻类，添加 15 厘米左右的新水。

（3）第三天使用"浓缩芽孢杆菌"5 瓶＋红糖 4 千克活化 3 小时＋"高浓度光合细菌"8 瓶，全池泼洒。

效果反馈：

第五天回访，池塘水面蓝藻明显减少，水质清爽，呈浓绿色。镜检，发现绿藻、硅藻、蓝藻均有，藻相结构良好（图 4-23）。

图 4-23　土塘处理蓝藻效果对比

二、对虾养殖池塘"倒藻"的处理方案

养殖户：澄海林老板。养殖面积，土塘 38 亩，水深 1.2 米。养殖品种：鱼虾蟹混养。

养殖情况：

受阴雨天气影响，藻类生长不稳定，缺少光合作用，造成倒藻，水体黏稠发黑变清，下风口漂浮死藻，对虾吃料量减少，活力差。

处理措施：

（1）第一天上午使用有机酸 12 瓶。

（2）第二天使用"浓缩芽孢杆菌"12 瓶＋"藻类营养露"12 瓶，一起搅拌后，全池泼洒。

效果反馈：

使用 3 天后观察，水色转为绿色，且爽活，透明度 30 厘米左右，对虾吃料量增加，恢复活力（图 4 - 24）。

图 4 - 24　倒藻处理前后对比

三、养殖池塘早期有青苔，肥水难的处理实例

养殖户：汕头梁老板。养殖面积，土塘 15 亩，水深 0.7 米。养殖品种，加州鲈鱼苗。放苗密度，25 万尾/亩。

池塘情况：

（1）放苗前进水后，水质清澈，池塘底部有青苔。镜检，发现池水藻密度小。

（2）水质指标。pH 8.2、氨氮 0.2 毫克/升、亚硝酸盐 0.05 毫克/升。

处理措施：

（1）第一天上午使用"爽水灵"5 包。

（2）第二天使用"加强型利生素"10 包＋"肥水膏"3 桶＋"藻类营养露"5 瓶＋适量水，搅拌均匀后泼洒。

效果反馈：

处理 4 天后观察，池塘池水变绿。镜检，发现有大量绿藻，透明度 40 厘米左右。水质指标，pH 8.6，氨氮、亚硝酸盐均未检出（图 4 - 25）。

案例分析：

养殖前期气温偏低，池塘水色清，阳光直射到池底，底部长青苔，肥水的营养物质被青苔利用，导致培藻难度大。使用"爽水灵"遮挡阳光，抑制青苔的生长，配合使用"加强型利生素""肥水膏"和"藻类营养露"，促进藻类快速繁殖，水体形成一定的透明度，青苔也逐渐消亡。

图4-25　处理青苔前后对比

四、处理高位池养殖对虾出现"倒藻"吃料慢料的案例

养殖户：汕尾陈老板。养殖面积，高位池2亩，水深1.8米。养殖品种：南美白对虾，放苗20万尾/亩。

养殖情况：

高温天气，高位池池水倒藻现象普遍，池塘水面泡沫多，水质突变，引起南美白对虾吃料速度减慢，投料2小时吃不完。池塘理化指标，pH 8.4，氨氮未检出，亚硝酸盐0.05毫克/升。

处理方案：

早上使用"解毒1号Ⅱ"3包泼水，再使用"光合宝"（高浓度光合细菌）2瓶泼水；傍晚再使用"利生粒粒氧"4包＋臭氧片2包全池干撒。

效果反馈：

（1）第二天观察，池塘水体表面泡沫明显减少，对虾吃料速度有所加快，投料后1小时40分钟能够吃完。池塘理化指标，pH 8.6，氨氮、亚硝酸盐均未检出。

（2）第三天观察，水色清爽，对虾吃料速度明显加快，投料后1.5小时吃完（图4-26）。

图4-26 高位池倒藻处理前后对比

案例分析：

夏季持续高温天气，池塘藻类繁殖旺盛，发生倒藻，水体表面出现大量泡沫，池水中溶解氧含量不足，导致对虾出现吃料速度慢。使用"解毒1号Ⅱ"降解和络合水体中的毒素，减少水体泡沫，配合使用"高浓度光合细菌"分解利用富余的有机质，净化水质；晚上使用臭氧片＋"利生粒粒氧"，清除底部污染源，增加池塘底部溶解氧，缓解应激，使对虾吃料快速恢复正常。

五、对虾养殖高位池"油膜水"的解决方案

养殖户：惠州钟老板。养殖面积，高位池3亩，深1.6米。养

殖品种：南美白对虾。

池塘情况：

放苗密度，20 万尾/亩。养殖 63 天，投料量大，池塘水面出现一层油膜，水色较浓，池塘溶解氧含量偏低。水质指标，pH 8.5、氨氮 0.3 毫克/升、亚硝酸盐 0.1 毫克/升。

处理措施：

（1）第一天：8：00 使用有机酸 2 瓶。

（2）第二天：7：00 使用"活水素Ⅱ型"＋"藻类营养露"各 1 瓶。

效果反馈：

处理第三天观察，池塘水面油膜消失，水色转为清爽，透明度 30 厘米左右（图 4－27）。

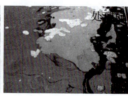

图 4－27 高位池"油膜水"处理前后

案例分析：

夏季炎热高温，投料量大，残饵、粪便等累积多，水面形成油膜。先对池塘解毒，然后再补充有益菌调节池塘，吸收池塘中溶解态的有机物；补充藻类微量元素，稳定优良藻相，净化水质。

六、调理冬棚虾池出现"红水"的实例

养殖户：江门吴老板。养殖面积，土塘 12 亩，水深 1.2 米。养殖品种，南美白对虾。

池塘情况：

养殖时间 40 天，放苗密度 5 万尾/亩；水色发红，裸甲藻偏多，池塘表面泡沫多、黏性大，对虾吃料慢，饲料台上发现虾粪便长。

水质指标，pH8.0、氨氮0.1毫克/升、亚硝酸盐0.15毫克/升。

处理措施：

（1）第一天上午使用"爽水灵"6包＋有机酸6包。

（2）第二天上午使用"利生菌多"3瓶 ＋ "光合宝"4瓶。

（3）第三天上午使用"藻类营养露"3瓶。

效果反馈：

处理3天后观察，水色转成绿色、爽活。显微镜观察，发现以绿藻为主。虾吃料恢复正常（图4-28）。

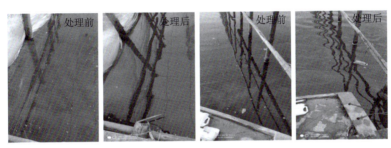

图4-28　处理冬棚虾池"红水"对比

案例分析：

水质富营养化，裸甲藻大量繁殖，水体呈暗红色；产生藻毒素，造成对虾吃料慢、粪便长的现象。先进行解毒，使用有益菌分解有机质，再补充碳源促进有益藻类生长，明显改善水体环境。

七、"解毒底多氧Ⅱ"在不同养殖模式增氧效果实测

使用方案：

高位池养虾用量为1 000克/亩，土塘养虾用量为400克/亩，特种鱼养殖塘用量为400克/亩。

效果反馈：

使用"解毒底多氧Ⅱ"能够有效增加养殖池塘夜间的溶解氧，且持续时间长达10小时。客户反馈：使用"解毒底多氧Ⅱ"后，鱼虾吃料速度明显加快。

八、"利生硝化素"＋"光合宝"处理对虾亚硝酸盐高案例

养殖户：江门礼乐吴老板。养殖面积，土塘8亩，水深1.5米。养殖品种，南美白对虾。

养殖情况：

放苗密度约4.5万尾/亩，养殖到30天时，高温多雨，藻类老化，池塘水表黏度大，底部环境差，造成亚硝酸盐含量升高。池塘理化指标：pH 8.4，氨氮未检出，亚硝酸盐0.35毫克/升。

处理方案：

（1）第一天早上使用"利生速氧宝"4包泼水，接着使用"利生硝化素"4包活化4小时后泼水；下午再使用"光合宝"3瓶全池泼洒，晚上使用"解毒底多氧Ⅱ"4包干撒。

（2）第二天晚上使用"解毒底多氧Ⅱ"4包干撒。

效果跟踪：

第三天回访：水色爽活，水表黏度降低，亚硝酸盐含量也明显下降。理化指标，pH 8.0，氨氮0.2毫克/升，亚硝酸盐0.10毫克/升（图4-29）。

图4-29 土塘亚硝酸盐处理对比

总结：

天气高温多雨，雨后藻类死亡，池塘底部环境差，且溶解氧含量低，导致亚硝酸盐含量升高，使用"利生速氧宝"快速增加池塘溶解氧；配合使用"利生硝化素"＋"光合宝"分解转化富余的有机质，利用氮源，降低亚硝酸盐。同时，晚上使用"解毒底多氧Ⅱ"，增加底部溶解氧，防止对虾缺氧应激。

主要参考文献

曹煜成，文国樑，李卓佳，2014. 南美白对虾高效养殖与疾病防治技术 [M]. 北京：化学工业出版社.

陈昌福，姚娟，陈萱，等，2004. 免疫多糖对南美白对虾免疫相关酶的激活作用 [J]. 华中农业大学学报，23（5）：551-554.

丁贤，李卓佳，陈永青，等，2004. 芽孢杆菌对凡纳滨对虾生长和消化酶活性的影响 [J]. 中国水产科学，11（6）：580-584.

丁贤，李卓佳，陈永青，等，2007. 中草药对凡纳滨对虾生长和消化酶活性的影响 [J]. 湛江海洋大学学报，27（1）：22-27.

郭志勋，李卓佳，管淑玉，等，2011. 抗对虾白斑综合征病毒（WSSV）中草药的筛选及番石榴叶水提取物对 WSSV 致病性的影响 [J]. 广东农业科学，38（21）：129-131.

蒋魁，徐力文，苏友禄，等，2016. 2012～2014 年南海海水养殖鱼类病原菌哈维弧菌分离株的耐药性分析 [J]. 南方水产科学，12（6）：99-107.

蒋魁，徐力文，苏友禄，等，2017. 两株珍珠龙趸病原性哈维弧菌（*Vibrio harveyi*）的分离与鉴定 [J]. 生态科学，36（6）：16-24.

李奕雯，李卓佳，曹煜成，等，2010. 对虾高密度养殖后期水质因子的昼夜变化规律 [J]. 南方水产，6（6）：26-31.

李卓佳，蔡强，曹煜成，等，2012. 南美白对虾高效生态养殖新技术 [M]. 北京：海洋出版社.

李卓佳，曹煜成，陈永青，等，2006. 地衣芽孢杆菌 De 株的胞外产物对凡纳滨对虾脂肪酶活性影响的体外实验 [J]. 高技术通讯，16（2）：191-195.

李卓佳，曹煜成，文国樑，等，2005. 集约式养殖凡纳滨对虾体长与体重的关系 [J]. 热带海洋学报，24（6）：67-71.

李卓佳，曹煜成，杨莺莺，等，2005. 水产动物微生态制剂作用机理的研究进展 [J]. 湛江海洋大学学报，25（4）：99-102.

李卓佳，陈永青，杨莺莺，等，2006. 广东对虾养殖环境污染及防控对策

［J］. 广东农业科学，6：68-71.

李卓佳，郭志勋，张汉华，等，2003. 斑节对虾养殖池塘藻-菌关系初探［J］. 中国水产科学，10（3）：262-264.

李卓佳，冷加华，杨铿，2010. 轻轻松松学养对虾［M］. 北京：中国农业出版社.

李卓佳，文国樑，陈永青，等，2004. 正确使用养殖环境调节剂营造良好对虾养殖生态环境［J］. 科学养鱼，3：1-2.

李卓佳，虞为，朱长波，等，2012. 对虾单养和对虾-罗非鱼混养试验围隔氮磷收支的研究［J］. 安全与环境学报，12（4）：50-55.

李卓佳，张汉华，郭志勋，等，2005. 虾池浮游微藻的种类组成、数量和多样性变动［J］. 广东海洋大学学报，25（3）：29-34.

李卓佳，张汉华，郭志勋，等，2005. 大规格对虾养殖生产流程［J］. 海洋与渔业，10：10-12.

李卓佳，张庆，陈康德，1998. 有益微生物改善养殖生态研究 I 复合微生物分解底泥及对鱼类的促生长效应［J］. 湛江海洋大学学报，8（1）：5-8.

李卓佳，张庆，陈康德，等，2000. 应用微生物健康养殖斑节对虾的研究［J］. 中山大学学报（自然科学版），39（z1）：229-232.

牛津，赵伟，2022. 凡纳滨对虾营养生理和高效环保饲料研究进展［J］. 水产学报，46（10）：1776-1800.

农业农村部渔业渔政管理局，全国水产技术推广总站，中国水产学会，2022.2022 中国渔业统计年鉴［M］. 北京：中国农业出版社.

文国樑，2015. 南美白对虾高效养殖模式攻略［M］. 北京：中国农业出版社.

文国樑，曹煜成，李卓佳，等，2006. 芽孢杆菌合生素在集约化对虾养殖中的应用［J］. 海洋水产研究，27（1）：54-58.

文国樑，李卓佳，曹煜成，2010. 南美白对虾高效健康养殖百问百答［M］. 北京：中国农业出版社.

文国樑，李卓佳，曹煜成，等，2010. 凡纳滨对虾高位池越冬暖棚建造及养殖关键技术［J］. 广东农业科学，37（12）：143-145，152.

文国樑，李卓佳，陈永青，等，2006. 有益微生物在高密度养虾的应用研究［J］. 水产科技，2：20-21.

文国樑，李卓佳，冷加华，等，2012. 南美白对虾安全生产技术指南［M］. 北京：中国农业出版社.

文国樑，李卓佳，李色东，等，2004. 粤西地区几种主要对虾养殖模式的分析 [J]. 齐鲁渔业，21 (1)：8-9.

文国樑，李卓佳，郑国全，等，2005. 昆虫免疫蛋白在大规格优质成品对虾养殖中的应用 [J]. 淡水渔业，35 (6)：34-36.

文国樑，林黑着，李卓佳，等，2012. 饲料中添加复方中草药对凡纳滨对虾生长、消化酶和免疫相关酶活性的影响 [J]. 南方水产科学，8 (2)：58-63.

文国樑，于明超，李卓佳，等，2009. 饲料中添加芽孢杆菌和中草药制剂对凡纳滨对虾免疫功能的影响 [J]. 上海海洋大学学报，18 (2)：181-184.

杨铿，蒋魁，洪敏娜，等，2019. 活性酵素对工厂化养殖凡纳滨对虾生长及水质的影响 [J]. 中国渔业质量与标准，9 (3)：1-8.

杨铿，李纯厚，胡晓娟，等，2021. 南美白对虾淡化养殖对周边环境盐碱化的影响分析 [J]. 生态科学，40 (2)：35-39.

杨铿，文国樑，李卓佳，等，2008. 对虾养殖过程中常见的不良水色相处理措施 [J]. 海洋与渔业，6：29.

杨铿，文国樑，李卓佳，等，2008. 对虾养殖过程中常见的优良水色和养护措施 [J]. 海洋与渔业，6 (6)：28.

杨清华，郭志勋，林黑着，等，2011. 复方中草药添加浓度和投喂策略对凡纳滨对虾抗白斑综合征病毒（WSSV）能力的影响 [J]. 黑龙江畜牧兽医，2：142-145.

叶乐，林黑着，李卓佳，等，2005. 投喂频率对凡纳滨对虾生长和水质的影响 [J]. 南方水产，1 (4)：55-59.

于明超，李卓佳，林黑着，等，2010. 饲料中添加芽孢杆菌和中草药制剂对凡纳滨对虾生长及肠道菌群的影响 [J]. 热带海洋学报，29 (4)：132-137.

虞为，李卓佳，王丽花，等，2013. 对虾单养和对虾-罗非鱼混养试验围隔水质动态及产出效果的对比 [J]. 中国渔业质量与标准，39 (2)：89-97.